Mein Entwurf

zur

Anfertigung einer guten Karte

von den

östlichen Provinzen des Preussischen Staates.

Ein Beitrag

zur

Entwickelung der Messkunde in Preussen

von

Dr. J. J. Baeyer,

Generallieutenant z. D. und Präsident des Centralbüreaus
der europäischen Gradmessung.

Berlin, 1868.
Druck und Verlag von Georg Reimer.

Vorwort.

Das Vermessungswesen zerfällt in zwei, wesentlich von einander verschiedene Theile: in die höhere und niedere Messkunde.

Die höhere Messkunde beschäftigt sich mit der Triangulation; sie leitet ihre Resultate aus einzelnen sorgfältig gemessenen Grundlinien vermittels Winkelmessung durch trigonometrische Rechnung ab. Sie ist rein wissenschaftlicher Natur und hat auch immer in ihrer Entwickelung mit der Wissenschaft und Technik gleichen Schritt gehalten. Ihre Werkzeuge sind die vollkommensten Winkelmesser, Theodoliten und Universalinstrumente. Die niedere Messkunde dagegen basirt lediglich auf der graphischen Construction. Ihre Werkzeuge sind die Kette oder Maassstäbe mit einem untergeordneten Winkelmesser, oder der Messtisch mit der Kippregel.

Vergleicht man die Genauigkeit dieser Methoden mit einander, so stellt sich heraus, dass eine trigonometrische Messung etwa 16mal genauer als eine Kettenmessung, und 20 bis 25mal genauer als eine Kippregelmessung ist.

Ich habe mir oft die Frage vorgelegt, warum Preussen, der Staat der Intelligenz, sich diese grossen

Vortheile der trigonometrischen Methode nicht zu Nutze mache? und konnte keine andere Antwort finden, als dass die Zersplitterung unseres Vermessungswesens, und der Mangel an einer wissenschaftlichen Centralbehörde die einzige Ursache davon sei. Manchmal wurde ich zweifelhaft, ob diese Ueberlegenheit der trigonometrischen Methode auch wirklich so gross sei, aber wiederholte Versuche gaben mir stets noch ein günstigeres Resultat, als das oben erwähnte.

Besonders aufmerksam auf dies Missverhältniss wurde ich in der Zeit, wo die Aufnahmen des Generalstabes über Westphalen und die Rheinprovinz ausgedehnt wurden, und die Kataster-Karten reducirt und an einander gepasst werden mussten, was selten anders als durch erheblichen Zwang bewerkstelligt werden konnte.

Der Gedanke, wie diese grosse Ungleichheit zwischen den trigonometrischen und Special-Vermessungen am besten ausgeglichen werden könne, beschäftigte mich oft, und ich kam stets zu dem Schluss, dass es nur durch die Anwendung der vollkommensten Instrumente, aber in einem kleineren Maassstabe möglich sei. Als Dirigent der trigonometrischen Abtheilung des Generalstabes hatte ich weder Veranlassung noch Gelegenheit, diese Ansichten geltend zu machen, sie blieben daher auch bis zum Jahre 1850 nichts weiter als Gedankenspähne, die bei meinen Studien gelegentlich abfielen, ohne dass ich auch nur entfernt an ihre Realisirung gedacht hätte. In dem erwähnten Jahre bekam ich aber ganz unerwartet eine Anregung, die Sache schärfer in's Auge zu fassen. Als ich mich in Sondershausen bei dem damaligen Premier-Minister Chop wegen einer neuen Triangulation von Thüringen meldete, forderte mich der Minister auf, ihm Vorschläge zu einer Special-Vermessung des Fürstenthums zu machen. Ich setzte ihm und dem vor einigen Jahren leider zu früh verstorbenen Staatsrath Hülsemann meine Ansichten über die bestehenden niederen Messoperationen auseinander und fügte dann hinzu, dass ich mich mit den angeführten Gründen für eine Specialvermessung nur dann interessiren könne, wenn sie auf der Höhe der Wissenschaft ausgeführt würde.

Meine Kritik der gewöhnlichen Methoden und die wenigen Andeutungen über eine bessere hatten den Minister und den Staatsrath Hülsemann von der Richtigkeit meiner Argumentation dergestalt überzeugt, dass ich wenige Tage darauf von dem Minister aufgefordert wurde, ihm speciellere Vorschläge in Betreff meiner Ansichten über eine Landesvermessung zu machen. Es entspann sich nun zwischen dem Minister und mir eine längere Correspondenz, die zu der vollständigen Organisation der Fürstlichen Landesvermessung nach den von mir aufgestellten Principien führte.

Aus dieser Correspondenz entstand im Jahr 1851 mein Entwurf zur Anfertigung einer guten Karte von den östlichen Provinzen des Preussischen Staates.

Je mehr ich mich mit der Sache beschäftigte, desto mehr überzeugte ich mich von den Vortheilen, welche die Benutzung aller wissenschaftlichen und technischen Hülfsmittel gewähre und von der Ueberlegenheit einer auf solcher Grundlage beruhenden Methode. Ich wollte daher meinem Vaterlande diese Vortheile nicht entgehen lassen und träumte schon von der herrlichen Aufgabe, Preussen an die Spitze des europäischen Vermessungswesens zu bringen.

Da es mir gelungen war, das Schwarzburgische Ministerium gesprächsweise von den Vorzügen des neuen Verfahrens zu überzeugen, so hoffte ich in Preussen ein nicht zu schweres Spiel zu haben. Obgleich ich mir nicht verhehlen konnte, dass ich das ganze Corps der Ketten- und Kippregel-Messer gegen mich haben würde, so glaubte ich doch in der Macht der Wahrheit und in der Sicherheit mathematischer Ergebnisse, ein genügendes Gegengewicht erblicken zu dürfen. Ich liess daher meinen Entwurf bei verschiedenen Ministerien vorläufig privatim circuliren, in der Hoffnung, dass ein so wichtiger Gegenstand von der einen oder der anderen Seite werde aufgenommen und in weitere Anregung gebracht werden.

Von dem, was ich erwartet, war aber nur Eins eingetroffen: bei der topographischen Abtheilung des Generalstabes, deren Messapparat in Messtisch und Kippregel besteht, brach ein wahrer Sturm gegen mich los; von der Macht der Wahrheit war aber Nichts zu bemerken. Ich erhielt meinen Entwurf mit Worten des Dankes zurück und — legte ihn ruhig in mein Pult —.

In Sondershausen ging das Jahr 1851 mit der theoretischen Ausbildung des Personals hin und im Jahr 1852 konnte zu der praktischen Einübung mit den neuen Instrumenten geschritten werden. — Es waren dies vollständige Universalinstrumente mit 5zölligen Horizontal-

und Höhenkreisen und mikroskopischen Ablesungen aus der Werkstatt der Herren Pistor und Martins in Berlin.

Im Herbst desselben Jahres war das Schwarzburgische Vermessungswesen organisirt und lieferte später Resultate, die meine eigenen Erwartungen übertrafen.

Ich hoffte diese Ergebnisse würden bei uns Eindruck machen, aber vergebens. Die Agitation gegen meine Neuerungssucht hatte eher zu- als abgenommen. Anfangs 1853 als der General von Radowitz General-Inspecteur des Militär-Erziehungs- und Bildungswesens wurde, leuchtete mir endlich ein Hoffnungsstrahl auf. Er und A. von Humboldt waren die einzigen Männer, die meinen wissenschaftlichen Bestrebungen Aufmerksamkeit schenkten. Allein dieser Strahl war gleich einem Meteor: schon im Spätherbst wurden mit dem General von Radowitz alle meine Hoffnungen auf Unterstützung und Vertretung in der Armee in die Gruft gesenkt. Kaum fünf Jahre später stand ich auch an dem Sarge A. von Humboldt's, meiner letzten Stütze, und sandte aus der Tiefe meiner Seele die Bitte zum Himmel empor, dass er mir Muth und Kraft geben möge, den Kampf für die Wahrheit auch ohne Stütze fortsetzen zu können. Der Himmel hat mir in seiner unendlichen Gnade diese Bitte gewährt, und ich habe bis jetzt den Kampf fortgesetzt, unbekümmert ob ich an's Ziel gelange oder nicht, in der festen Ueberzeugung, dass sich endlich doch Mitkämpfer finden werden. Ich kann diesen Gedanken nicht aufgeben, ohne mein Preussen selbst aufzugeben, denn ein Volk, dem die Streiter für eine Wahrheit ausgehen, wäre dieser Wahrheit nicht werth.

Im Jahr 1854 erhielt des Hochseeligen Königs Majestät nicht von mir, sondern anderweitig Kunde[1]) von meinem Entwurf und überwies ihn nebst einem Gutachten von A. von Humboldt durch Allerhöchste Cabinetsordre vom 9. Februar 1854 dem Königl. Kriegsministerium, um ihn dem Königl. Staatsministerium vorzulegen.

Da bis zum Jahre 1856 nichts in der Sache geschehen war, so liess ich, auf den Rath von A. von Humboldt, den Entwurf in der nachstehenden Form in dem Archiv für Landeskunde in der Preussischen Monarchie, abdrucken.

Unter dem 4. Juni 1856 wurde eine staatsministerielle Commission unter dem Vorsitz eines Abtheilungs-Chefs des Allgemeinen Kriegsdepartements, eines entschiedenen Anhängers der Kippregel, niedergesetzt und dadurch die ganze Angelegenheit meinen Gegnern überliefert. Wie sie behandelt wurde, soll in dieser Schrift dargelegt werden.

Berlin, im October 1867.

---

[1]) Der mehrfach verbreiteten Meinung als habe ich den Entwurf Sr. Majestät dem Könige überreicht, muss ich entgegentreten. Ich habe ausser der privaten Mittheilung keinerlei Schritte gethan, um denselben bei uns zur Einführung zu bringen, weil ich wusste wie sehr man im Generalstabe und Kriegsministerium gegen denselben eingenommen war. Se. Majestät hat ihn als Allerhöchsteigene Vorlage dem Königl. Staatsministerium überwiesen; ich war dabei durchaus nicht anders betheiligt, als dass ich der Urheber desselben war.

Inhalts-Verzeichniss.

Entwurf zur Anfertigung einer guten Karte von den östlichen Provinzen des Preussischen Staates nach dem heutigen Standpunkt der Wissenschaft und Technik.

(Vorwort von 1856.)

Wenn man dem Kartenwesen in den verschiedenen europäischen Staaten einige Aufmerksamkeit widmet, so wird man finden, dass, mit sehr wenigen Ausnahmen, alle, und selbst die kleineren Staaten, sich entweder bereits ein vollständiges Kartenwerk beschafft haben, welches nach einem einheitlichen Plane und in Einem Maassstabe durchgeführt ist, oder, dass sie wenigstens mit der Ausführung eines solchen eifrig beschäftigt sind.

In Preussen, das nach allen anderen Richtungen so rüstig und erfreulich fortschreitet und in mehr als Einer Beziehung den anderen Staaten vorauseilt, sucht man vergebens nach einem einheitlichen Kartenwerke, oder nach Einrichtungen, die geeignet wären, ein solches in's Leben zu rufen. Man findet zwar Versuche, Einzelheiten und Bruchstücke, aber ohne allgemeine Grundlage und Zusammenhang, und ohne Sorge und Pflege für ihre Erhaltung.

Wendet man sich zu den topographischen Detail-Ausführungen und vergleicht sie mit den Arbeiten der Nachbarstaaten, so wird man genöthigt, den letztern den Vorrang zuzugestehen.

Untersucht man die seit einigen dreissig Jahren unternommenen Aufnahmen genauer, so vermisst man jeden durchgreifenden Plan und findet nur eine Reihe von mehr oder weniger unvollkommenen Experimenten, die lange vor ihrer Vollendung schon wieder veraltet und unbrauchbar geworden sind, weil die zahllosen Veränderungen, welche Ströme und Flüsse erlitten oder die Fortschritte der Cultur hervorgerufen, darin fehlen, so dass man sich nach einem verhältnissmässig kurzen Zeitraum zu einer Wiederholung derselben Vermessung genöthigt sah. So sind z. B. in dem erwähnten Zeitraum die Rheinprovinzen, die Marken und Thüringen schon zwei Mal aufgenommen und lithographirt worden, während wir von ganz Ost- und West-Preussen noch gar keine Aufnahme besitzen. Das Schicksal der ersten Arbeit trifft aber auch unfehlbar die letzte. Nach dieser Analogie würde also die Aufnahme und die Lithographie in jedem Jahrhundert wiederholt werden müssen. Kann das wünschenswerth oder in staatsökonomischer Beziehung vortheilhaft sein? Stellt man diesen Zustand den gut organisirten Landesvermessungen anderer Staaten gegenüber, die sich bereits ein einheitliches Kartenwerk beschafft haben und es zu erhalten wissen, so kömmt man zu dem niederschlagenden Resultat, dass unser Kartenwesen dagegen beträchtlich zurücksteht.

Die Ursachen hiervon aufzusuchen und die Mittel und Wege zu einer gründlichen Abhülfe anzudeuten, sind die Motive der nachfolgenden Denkschrift. Geschrieben wurde dieselbe im Jahre 1851 in der Absicht, die Verbesserung unseres unvollkommenen Aufnahme-Wesens herbeizuführen, die Idee zu einer guten Landesvermessung anzuregen und darauf hinzuwirken, dass dieselbe in einer dem gegenwärtigen Standpunkte der Wissenschaft und Technik entsprechenden Weise angeordnet und ausgeführt werden möge.

Es ist daher auch nicht die Meinung, dass der „Entwurf etc.“ die Norm einer guten Landesvermessung abgeben solle. Er wird vielmehr nur als eine Grundlage zu betrachten sein, die, wenn es bis zur Ausführung kommen sollte, am besten in ähnlicher Weise, wie es in anderen Staaten, z. B. in Frankreich der Fall war, durch eine Commission von den ersten Gelehrten des Landes geprüft und in eine endgültige Form gebracht werden kann.

Der Verfasser wusste sehr wohl, was es heisst, mit einer Idee hervortreten, die über den gewohnten Gesichtskreis hinausgeht, und die zugleich in ein veraltetes System, welches zwar wissenschaftlicher Natur ist, aber alle Fortschritte der Wissenschaft hat bei Seite liegen lassen, scharf einschneidet. Er war darauf gefasst, zahllosen Bedenken, Einwendungen und Schwierigkeiten zu begegnen: je älter das Uebel, um so schwieriger die Cur.

Dies Alles konnte ihn nicht abhalten, oder von der Pflicht entbinden, diejenigen Ansichten über eine Landesvermessung frei und unumwunden auszusprechen, die er sich durch ein mehrjähriges Zusammenarbeiten in diesem Gebiet mit unserem grossen **Bessel** und durch eine mehr als dreissigjährige Praxis zu erwerben Gelegenheit hatte. Hauptsächlich rechnete er dabei auf die Kraft der Wahrheit, die in den Principien einer Wissenschaft auch dem Nichteingeweihten verständlich sein muss, demnächst dann aber auf die Unterstützung aller intelligenten Männer, denen es am Herzen liegt, dass Preussen auch in seinem Kartenwesen den Nachbarländern nicht länger nachstehe und nicht länger fortfahre, Kräfte und Mittel auf ein verfehltes Ziel zu verwenden.

Um jede Ostentation zu vermeiden, circulirte der „Entwurf etc." Anfangs nur unter solchen Freunden und Bekannten, die sich dafür interessirten, und die für seine allmäliche Verbreitung Sorge trugen. Auf diese Weise kam er im Jahre 1853 auch zur Kenntniss des Königlichen Finanzministeriums, welches ihm schon damals, wo eine Steuer-Regulirung dem Hause der Abgeordneten vorlag, eine besondere Aufmerksamkeit schenkte.

Im Jahre 1854 bekam der Verfasser Gelegenheit, ihn einem hochgestellten Militair, der früher auf seinen Bildungsgang einen grossen Einfluss geübt und an den ihn innige Dankbarkeit und Verehrung fesseln, zur Kenntnissnahme mitzutheilen. Derselbe, durchdrungen von der Wichtigkeit der Sache, überzeugt von der Wahrheit der Argumente und dem Nutzen, den ein so grossartiges Unternehmen auf die Entwickelung vieler Verhältnisse ausüben würde, fand sich bewogen, Sr. Majestät dem Könige Kenntniss davon zu geben. Se. Majestät, jede grosse Idee mit lebendiger Begeisterung erfassend, geruhten hierauf, von dem wirklichen Geheimen Rath Herrn Freiherrn A. v. **Humboldt** Exc. ein Gutachten darüber einzufordern und auf Grund desselben den Herrn Staats- und Kriegsminister Exc. zu beauftragen, diese Angelegenheit vor das gesammte Staatsministerium zu bringen, um die Mittel zur schleunigen Ausführung zu berathen und dann Sr. Majestät zur Entscheidung vorzulegen.

Das Resultat dieser Berathung ist zwar noch nicht bekannt; aber wie es auch ausfallen möge, so wird es doch immer für die Sache von Interesse sein, den „Entwurf etc." nebst dem Gutachten in weiteren Kreisen zu verbreiten, damit ein Jeder erfahre, was gegenwärtig in der Messkunde geleistet werden kann und dahin mitwirken könne, dass wenn Preussen einmal zu einer allgemeinen Landesvermessung schreiten sollte, dieselbe nicht anders als zu seinem Ruhme ausgeführt werde.

Allgemeiner Gesichtspunkt einer Landesaufnahme.

Das Bedürfniss nach einer guten Aufnahme wächst mit der steigenden Cultur eines Landes, und die Anforderungen, welche an eine Karte gemacht werden, gehen mit dieser Steigerung Hand in Hand. — Was vor 30 oder 40 Jahren befriedigte, genügt nicht mehr oder ist ganz unbrauchbar geworden. —

Von einer strengen Wissenschaft wie die Mathematik muss man aber verlangen, dass sie, richtig angewendet, Resultate liefert, die zu allen Zeiten befriedigen.

Die nächsten Fragen, welche bei einer Anfertigung einer Karte beantwortet werden müssen, sind daher:

1. Ob eine Aufnahme so ausgeführt werden kann, dass sie allen Ansprüchen zu genügen vermag, welche gegenwärtig und künftig an dieselbe gemacht werden können?
2. Ob die Vortheile, welche eine solche Arbeit verspricht, so erheblich sind, dass die darauf zu verwendenden Kosten für gerechtfertigt erscheinen?

Den wissenschaftlichen Theil der ersten Frage beantwortet die analytische Geometrie, indem sie lehrt, dass drei Coordinaten die Lage eines Punktes im Raume vollkommen bestimmen. Daraus folgt, dass, wenn drei Coordinaten eines oder mehrerer Punkte gegeben sind, alle Fragen über die räumlichen Verhältnisse derselben so vollständig erschöpft sind, dass keine einzige unbeantwortet bleibt, und jede mögliche Aufgabe aufgelöst werden kann.

Der praktische Theil der Frage, ob diese Coordinaten so genau bestimmt werden können, dass für praktische Zwecke nicht Fehler entstehen, die unbrauchbare Resultate zur Folge haben, kann zwar erst später bei der Untersuchung über die Fehlergrenzen näher erörtert, vorläufig aber hier schon unbedingt mit Ja beantwortet werden.

Die zweite Frage führt auf das grosse Gebiet der Staats-Oekonomie und dreht sich vorzugsweise um die Anlage von Communicationen aller Art, um die Erforschung der Hülfsquellen, welche der Oberfläche des Bodens, den mechanischen Wasserkräften der Bäche und Flüsse, und dem Innern der Erde abzugewinnen sind.

Eine gebieterische Nothwendigkeit, die steigende Bevölkerung, drängt unaufhaltsam dahin, dass nach allen Richtungen die verborgenen Hülfsquellen des Landes aufgeschlossen und neue Erwerbsquellen aufgefunden werden. Wo könnte man aber in einem Lande anders nach Schätzen suchen, als in seinem Boden, an seiner Oberfläche und in der Tiefe? Die Mutter Erde ist eine unerschöpfliche Quelle der mannichfachsten Gaben — Niemand kann sagen, wo hier eine Grenze zu finden! — aber sie giebt ihre Schätze nicht als Almosen, sondern zwingt den Menschen, sich dieselben durch geistige und körperliche Anstrengung zu erringen: er soll im Schweiss seines Angesichts sein Brod essen.

So sehen wir Wissenschaften, Ackerbau, Fabriken und Gewerbe mit rastloser Thätigkeit auf diesem Gebiete arbeiten; allerdings mit mehr oder minderer Ergiebigkeit, aber im allgemeinen immer mit Erfolg. Schon ein Stillstand würde verderblich werden: wir dürfen daher nicht ermatten, sondern müssen unsere Anstrengungen fortwährend steigern, wenn wir des Erfolges sicher sein wollen. Die Natur hat die ersten nothwendigsten Bedürfnisse so offen dargelegt, dass der Einzelne sie finden kann; je mehr die Menschen aber bedürfen, desto tiefer zieht sie sich in ihre Geheimnisse zurück, und fordert, dass immer grössere Kräfte und bedeutendere Mittel aufgewendet werden, um ihre Schätze zu heben. Das Feld der vereinzelten Bestrebungen ist ziemlich erschöpft. Eine erhöhte Stufe der Thätigkeit hat sich in den Vereinen entwickelt. Was dem Einzelnen nicht gelingen wollte, gelingt Vielen, unter einsichtsvoller Leitung und planmässiger Benutzung der Kräfte und Mittel.

Für die Erforschung eines Landes und seiner inneren Hülfsquellen ist aber eine gute Karte ein nothwendiges unentbehrliches Hülfsmittel. Die Beschaffung desselben ist den Einzelnen unmöglich und kann von Vereinen nicht erwartet werden. Es bleibt daher Sache des Staates, dafür Sorge zu tragen, und er wird es in keinem Falle umgehen können, noch in seinem eigenen Interesse umgehen wollen, ein fortwährend steigendes Bedürfniss unbefriedigt zu lassen. Die Eigenthumsverhältnisse, welche immer wichtiger und verwickelter werden, verlangen eine sichere Grundlage, und das, was in anderen Staaten in dieser

Beziehung geleistet wurde, fordert dringend auf, nicht dagegen zurück zu bleiben.

Nichts kann den Wohlstand eines Staates so fest begründen und so sicher stellen als das, was er seinem Boden abgewinnt; daher kann auch in dieser Beziehung nichts wichtiger sein als die Erforschung desselben nach Möglichkeit zu erleichtern, und denen die Wege zu ebnen, welche berufen sein möchten, neue Entdeckungen zu machen. Eine Landesaufnahme muss daher von einem weitergreifenden Gesichtspunkt als dem einer Kataster-Vermessung behufs Steuer-Regulirung aufgefasst werden; sie muss allerdings auch hierzu benutzt werden können, sobald es wünschenswerth erscheint; allein ihr höherer Zweck ist die Erforschung des Grund und Bodens in staatsökonomischer Beziehung nach allen Richtungen zu fördern.

Es hat zwar an Versuchen, gute Aufnahmen zu Stande zu bringen, nicht gefehlt, und dieselben haben sich auch nach und nach immer gesteigert; allein sie wurden entweder blos zur Abhülfe eines bestimmten Bedürfnisses oder in einem speciellen und einseitigen Interesse gemacht: eine allgemeine wissenschaftliche Behandlung und Durchführung einer Vermessung hat bis jetzt bei uns noch nicht stattgefunden; selbst die rheinische Kataster-Vermessung ist hiervon nicht ausgenommen, denn es fehlen die dritten Coordinaten (die Höhen) gänzlich, und selbst die Richtigkeit der horizontalen Dimensionen dürften nicht überall probehaltig sein. Daher kömmt es denn auch, dass wir nicht selten auf demselben Terrain immer wieder neue Messungen vornehmen sehen, die aber ebenso wie die früheren ebenfalls an Gebrechen leiden, nur an anderen Stellen. Abgesehen davon, dass die Wiederholung vereinzelter mangelhafter Versuche und das beständige Verfehlen des Zieles bei fortgesetzten Anstrengungen auf einem Gebiete, welches auf positiven und sichern Grundlagen ruht, gewiss nicht der Stellung unseres Vaterlandes angemessen erscheint, wird es einleuchten, dass dadurch mehr Kosten entstehen, als wenn das erste Mal gründlich zu Werke gegangen wäre, und dass man auf diesem Wege weder etwas sparen, noch eine gute Karte erhalten kann, bedarf keiner Auseinandersetzung. Es könnte scheinen, als ob der Begriff, der hier mit einer guten Karte verbunden wird, ein ideeller und darum unerreichbarer wäre; allein wir können denselben leicht aus dem rein praktischen Bedürfnisse Jedermann verständlich ableiten, wenn wir ihn folgendermaassen fassen: Eine Karte ist nur dann gut, wenn sie alle künftigen Vermessungen entbehrlich macht. Es handelt sich also hier nur um das praktisch Nothwendige und noch lange nicht um das praktisch Ausführbare, denn Wissenschaft und Technik reichen gegenwärtig schon über die Grenzen des Nothwendigen hinaus. Auch liegen schon Aufnahmen vor, die diese Aufforderung erfüllen, wie z. B. die neue Karte von Irland. Der praktische Sinn der Engländer hat schon längst erkannt, dass eine ungenügende Aufnahme die Kosten nicht werth ist, und dass die vollkommenste Karte zugleich auch die wohlfeilste ist: ein Grundsatz, der nicht blos hierauf anwendbar ist, sondern allgemeine Geltung hat.

Ein Theil der verschiedenen Landesvermessungen ist nur behufs der Steuer-Regulirung ausgeführt und zur möglichst baldigen Erreichung dieses Zweckes auf Kosten des Landes und der Zuverlässigkeit der Arbeit in beklagenswerther Weise übereilt worden. Eine blosse Steuer-Regulirung ist aber in Bezug auf die Grundeigenthümer sicher die Summen nicht werth, welche auf die Karte verwendet werden müssen, denn bei einer auch nur oberflächlichen Abschätzung kann die Steuer nicht so ungleich vertheilt werden, dass der Einzelne so hart davon betroffen würde, als durch die Kosten einer solchen Vermessung. Nichts ist aber bei einem derartigen Unternehmen nachtheiliger und steigert die Kosten mehr als die Uebereilung: deshalb muss eine Landesvermessung frühzeitig begonnen und in der Voraussicht unternommen werden, dass man Zeit behalte, um nicht in diese Nothwendigkeit versetzt zu werden, und um sie gleich so ausführen zu können, dass sie den Grundeigenthümern selbst bei ihren Ameliorationen directen Nutzen gewährt.

Die Anfertigung einer guten Karte von dem preussischen Staate kann deshalb auch nicht das Werk einiger Jahre sein; es wird ziemlich ein ganzes Menschenalter darüber hingehen. Daher dürfte es wohl an der Zeit sein, den Anfang zu machen, die vorhandenen zum Theil schätzbaren Materialien zu sammeln, planmässig zu vervollständigen und in Einen Guss zu bringen, und so die Summen und Kräfte, die jetzt mehr oder weniger zersplittert werden, einem gemeinsamen Ziele zuzuwenden. [1])

---

[1]) Alle grösseren und die meisten kleineren Staaten besitzen bereits eine vollständige Landeskarte oder arbeiten mit Eifer daran. Selbst Spanien hat seit einigen Jahren eine allgemeine Landesvermessung angeordnet.

Grundlage einer Landesaufnahme nach dem jetzigen Standpunkte der Wissenschaft.

Denkt man sich das allgemeine Niveau des ruhigen Meeres unter dem festen Lande fortgesetzt, so bildet die Oberfläche desselben die eigentliche Figur der Erde. Dieselbe entspricht einem Rotations-Sphäroid, welches sich um die kleine Axe dreht und den Aequator-Durchmesser zur grossen Axe hat. Die Oberfläche dieses Sphäroids wird auch die Oberfläche des Meeres genannt. — Die lothrechten Abstände der Punkte von dieser Oberfläche heissen die Höhen über dem Meere. Denkt man sich durch zwei Punkte A und B auf der Oberfläche Lothlinien gelegt, so sind die Durchschnitte derselben mit der erweiterten Meeresfläche die Projectionen der Punkte A und B auf die Meeresfläche.

Die kürzeste Linie zwischen den Projectionen von A und B, auf der Oberfläche des Sphäroids (Meeresfläche) gemessen, wird die Entfernung der Punkte A und B genannt. Man gebraucht dafür gewöhnlich, aber uneigentlich, den Ausdruck horizontale Entfernung. Unter horizontaler Fläche in diesem Sinne muss dann eine gekrümmte Fläche verstanden werden, die mit der Oberfläche des Sphäroids parallel ist. Hiermit darf die horizontale Ebene eines Punktes, die auf der Lothlinie desselben senkrecht steht, nicht verwechselt werden. Von zwei Punkten, die gleiche Höhe haben, kann der eine nicht in der horizontalen Ebene des andern liegen. Bei einem richtigen Nivellement muss hierauf Rücksicht genommen werden. [6])

Verbindet man drei Punkte auf der Oberfläche des Sphäroids durch kürzeste Linien mit einander, so entsteht ein sphäroides Dreieck. Eine genaue Triangulation auf der Erdoberfläche kann daher nur mit Hülfe der sphäroidischen Trigonometrie bewerkstelligt werden.

Wie sphäroidische Dreiecke berechnet und wie überhaupt auf der Oberfläche des Sphäroids gemessen werden muss, lehrt die Geodäsie. Diese Wissenschaft hat in der neuern Zeit durch die trefflichen Arbeiten von Gauss, Bessel und anderen Gelehrten eine solche Vollendung erhalten, dass in Bezug auf die Aufnahme eines Landes nirgends mehr eine Unsicherheit vorhanden ist; auch sind die strengen Methoden durch den Scharfsinn ihrer Erfinder so geschmeidig gemacht,

---

[6]) Küstenvermessung §. 105.

dass sie nicht schwerer, oft sogar leichter sind, als die alten unsichern Verfahrungsweisen, mit denen man nur mangelhafte und ungenügende Resultate erzielen kann.

Wenn daher gegenwärtig eine Vermessung ausgeführt wird, so muss man von derselben eine strenge wissenschaftliche Begründung verlangen, wenn man nicht Fehler begehen und sich dem Verdachte der Unkenntniss aussetzen will.

Leider ist das preussische Detail-Vermessungswesen so zurück, dass es keine Uebertreibung ist, wenn man behauptet, dass nur ausnahmsweise richtige Principien angewendet und fast überall mehr Kosten dadurch gemacht werden, als nöthig wären, um eine tadellose Arbeit zu liefern. [1])

Wenn eine Landesaufnahme zweckmässig angeordnet sein soll, so muss für alle Operationen die Fehlergrenze so bestimmt werden, dass die Genauigkeit der Messungen jeder Art allen Anforderungen genügt, die man irgend nur für praktische Zwecke machen kann. Die einzelnen Arbeiten müssen zeit- und sachgemäss in einander greifen, dergestalt, dass die grossen Operationen die kleinen unterstützen, controliren und erleichtern. Die errichteten Signale müssen gleich in der möglichsten Ausdehnung benutzt werden, damit nicht durch ihre Wiedererrichtung unnütze Kosten entstehen. Jeder Detailarbeiter muss das Feld seiner Thätigkeit vollständig vorbereitet finden und darf keine Zeit mit der Messung neuer Grundlinien verlieren, die er doch nur höchst unsicher bestimmen kann. — In der folgerechten Anordnung einer Vermessung liegt das Geheimniss grosser Ersparungen, und zugleich die Nothwendigkeit zur Beschaffung der Mittel, um solche Anordnungen durchführen zu können.

Alle gemessenen Punkte müssen so bezeichnet werden, dass man sie jederzeit wiederfinden und benutzen kann, wann und wo es wünschenswerth sein sollte: kein Resultat der Messung darf verloren gehen; nirgends eine Wiederholung nothwendig werden. Die Marksteine müssen als Staatseigenthum erworben und gesetzlich geschützt werden. [2])

---

[1]) Die Mängel des preussischen Vermessungswesens von W. Waege. Görlitz 1850.

[2]) Durch das Unterlassen der Festlegungen ist die grosse Hauptdreieckskette des Generalstabes vom Rhein bis zur Weichsel völlig verloren gegangen. Die seit 1831 erfolgten Festlegungen der Dreieckspunkte mussten aus Mangel an Mitteln grösstentheils mit Holzpfählen unter der

Die Instrumente müssen so gewählt werden, dass die grundsätzlich vorgeschriebene Genauigkeit auch vollständig erreicht und auf keine andere Weise und mit weniger Mühe erlangt werden kann. Der gegenwärtige Standpunkt der Technik gestattet dies.

Die Beobachtungen selbst sind so anzuordnen, dass die kleinen Fehlerursachen in dem Resultat verschwinden. [1])

Um aus den Beobachtungen richtige Resultate ziehen zu können, müssen die entsprechenden Rechnungsmethoden angewendet werden, damit nichts verloren gehe, was die Beobachtungen aussagen. [2])

Dies schliesst indessen nicht aus, dass man in dem strengen mathematischen Rahmen und in zulässigen, theoretisch festgesetzten Grenzen Vereinfachungen eintreten lassen kann, oder vielmehr bei einer zweckmässigen Leitung des Geschäfts eintreten lassen muss; dieselben müssen aber mit Bewusstsein eingeführt, gehörig motivirt, ihre Fehlergrenze bestimmt und die Ausdehnung ermittelt werden, innerhalb welcher sie angewendet werden dürfen.

Von dem Personal, welches an einer Vermessung Theil nimmt, muss gefordert werden, dass dasselbe den Werth der Instrumente beurtheilen könne, den vortheilhaftesten Gebrauch derselben verstehe und in der allgemeinen Theorie des richtigen Messens auf der Erdoberfläche Bescheid wisse. —

Nach dem zu urtheilen, was wirklich geschieht, scheint aber auf diesem Gebiet noch eine totale Unkenntniss zu herrschen, für die der Staat und das Land mit schweren Geldopfern büssen muss. Die Controle der Vermessung ist so anzuordnen, dass die Arbeiter ihre Fehler selbst bestimmen müssen, und dass dabei keine Verfälschung des Resultats möglich ist. Die Methode der kleinsten Quadrate giebt hierzu die Mittel an die Hand.

Nur wenn eine Vermessung in diesem Sinne, den wissenschaftlichen Forderungen entsprechend angeordnet ist, fachgemäss geleitet

---

Oberfläche des Bodens bewerkstelligt werden. Diese Pfähle sind aber bereits, wo sie nicht durch die Anlage von Sand, Lehm und Kiesgruben ausgegraben wurden, dem Verfaulen nahe und werden in nicht zu ferner Zeit ebenfalls verloren gehen. Seit einigen Jahren sind die Dreieckspunkte durch behauene Steine an der Oberfläche sichtbar bezeichnet worden, allein ein gesetzlicher Schutz, wie er in anderen Staaten besteht, ist noch immer nicht vorhanden.

[1]) Küstenvermessung §. 17.

[2]) Ebendaselbst §. 18. und §. 79.

und planmässig durchgeführt wird, kann man darauf rechnen, eine gute Karte des Landes zu erhalten. Dagegen wird Alles, was bisher geschehen ist, nie zu diesem Ziele führen. Jeder Theil einer Arbeit dieser Art muss in sich so vollendet sein, dass er beliebig fortgesetzt und ausgedehnt werden kann, ohne an Richtigkeit zu verlieren. Es muss ganz gleich sein, ob man eine Commune, einen Kreis, eine Provinz oder den ganzen Staat aufnimmt: die Grundlage muss für jede Ausdehnung der Vermessung ausreichen. Ebenso muss es auch gleichgültig sein, an welcher Stelle und in welchem Maassstabe gearbeitet wird: ein mathematisches Resultat darf nicht von einer willkürlichen Construction abhängig gemacht werden, sondern es muss im Gegentheil jede beliebige Construction zulassen.[1]) Die Aufnahme einer Feldmark, eines Flusses u. s. w., sie möge in Ostpreussen, in Schlesien oder in den Marken stattfinden, muss ihre bestimmte Stelle in dem Netz[2]) der Landeskarte haben, und muss ein Steinchen zu dem gesammten Kartenwerke des Staates liefern. Auf diese Weise geordnet,

---

[1]) Wenn Guts-Aufnahmen das Besitzthum unzweifelhaft feststellen und mit Sicherheit über Mein und Dein entscheiden sollen, so müssen alle zur Bestimmung der Grenzen und Flächenräume gemessene Linien in den Plan verzeichnet und die Zahlen daneben geschrieben werden, damit gar kein Zweifel über die von dem Geometer gefundenen Resultate obwalten kann, und damit jeder Besitzer im Stande ist, alle einzelnen Theile der Karte mit Leichtigkeit selbst zu untersuchen und zu prüfen, ehe er die Richtigkeit der Karte anerkennt. In einer guten ökonomischen Vermessung darf in keinem Fall irgend ein Resultat der Controle entzogen oder schwieriger zugänglich gemacht werden. Eine Landes- oder Kataster-Vermessung, wo die Angaben in Zahlen fehlen, hat daher keinen Anspruch auf den Namen einer guten Vermessung. Der Maassstab ist in der Regel gross genug dazu und wo er nicht ausreichen sollte, muss er grösser gewählt werden. Die blosse Construction auf dem Papier ist unzureichend; das Ermitteln einer Entfernung, z. B. zweier Grenzsteine, mit Hülfe des verjüngten Maassstabes ist unsicher, weil sich das Papier in verschiedenen Richtungen sehr ungleich verzieht und der begangene Fehler so viel Mal vergrössert wird als die Karte kleiner ist als die Natur. Steht dagegen die Entfernung in Zahlen auf der Karte und ein Grenzstein ist verloren gegangen, so kann gar kein Zweifel darüber entstehen, wo der neue hinzusetzen ist: das Eigenthum ist dadurch vollkommen gesichert. Aus diesem Grunde muss heut zu Tage an jede gute Special-Vermessung die Forderung gemacht werden, dass alle Resultate in Zahlen gegeben werden; Zahlen gestatten keine Unsicherheit, kein Verstecken der Fehler und behalten zu allen Zeiten denselben Werth.

[2]) Dies Netz, ähnlich dem der gothaischen Kataster-Vermessung, besteht aus abgewickelten, sphäroidischen Streifen, welche auf der Ost- und Westseite von den Meridianen gebildet und durch die Parallelkreise in Vierecke getheilt werden. Es giebt eine genauere Darstellung der sphäroidischen Oberfläche als die Projectionen, welche die wahren Dimensionen immer mehr oder weniger verschieben.

wird das grosse Werk schon durch die gewöhnlichen Arbeiten alljährlich fortschreiten, es wird sich Theil an Theil reihen und allmählich zu einem Ganzen gestalten. Das, was im Einzelnen gefördert wird, muss auch das Ganze fördern: mit dem Minimum der Mittel muss ein Maximum geleistet werden.

Ueber den Nutzen einer guten Landes- oder Kataster-Vermessung.

Eine Landesaufnahme, die von Staatswegen unternommen wird, darf nicht als eine blos mechanische Arbeit angesehen werden, die handwerksmässig vertheilt und ausgeführt wird. Wo man dies gethan hat, und wo man es künftig noch thun sollte, wird man einen solchen Missgriff immer zu beklagen haben; denn jeder handwerksmässige Betrieb erregt auf Kosten der Sache nur Begierde nach Gewinn. Die Ausführung jedes grossartigen Werkes, das, wie eine Vermessung, auf einer wissenschaftlichen Grundlage beruht, muss neben dem materiellen Nutzen auch einen geistigen Gewinn, einen intellectuellen Fortschritt abwerfen. Die materiellen Vortheile einer guten Aufnahme bestehen darin, dass jeder Grundbesitzer auf seiner Karte alle nur möglichen Projecte zu Deich- und Mühlen-Anlagen, zu Berieselungs- und Entwässerungs-Gräben jeder Art, zu Drainagen, zu Strassen und Wegen etc. in seinen Mussestunden ohne Kosten selbst entwerfen und durchdenken kann. In soweit die Cultur und Amelioration des Bodens von Aufnahmen und Nivellements abhängig ist, muss ihr jeder Vorschub geleistet werden, so dass sie den höchsten Grad von Vollkommenheit erreichen kann. Wie anders stellt sich die Sache gegenwärtig ohne ein solches Hülfsmittel. Ein Gutsbesitzer, der ein solches Project prüfen will, muss mit bedeutenden Kosten einen Geometer kommen lassen, um eine Aufnahme oder ein Nivellement auszuführen. Stellt sich nun heraus, dass das Project nicht ausführbar ist, so wird es in den meisten Fällen aufgegeben, weil man die Kosten zu neuen Untersuchungen scheut. Diese Kostspieligkeit schreckt an und für sich schon viele ab überhaupt an solche Anlagen zu denken, während eine gute Vermessung, durch die Leichtigkeit solcher Untersuchungen, allgemein dazu auffordert, da ja nichts weiter nöthig ist, um das Gefälle zweier auf der Karte gegebener Punkte zu finden, als die Abstände dieser Punkte mit den in der Karte verzeichneten Niveaulinien zu vergleichen. [1])

[1]) Die Niveaulinien werden in den Flur- und Gemeindekarten nach

Die nämlichen Vortheile, welche eine gute Aufnahme dem einzelnen Grundbesitzer im Kleinen darbietet, gewährt sie im grösseren Maassstabe den Kreis-, Provinzial- und Staats-Behörden, in Bezug auf Strassen-, Strom-, Canal- und Bergbau, Anlagen von Eisenbahnen, industriellen Etablissements u. s. w., und wenn die Karte auch nicht in allen Fällen zur Anfertigung specieller Bauanschläge vollständig ausreichen sollte, so wird man doch leicht und sicher die vortheilhafteste Localität darnach auffinden und die Vorarbeiten sparen können. — In der Karte von Irland sollen die Nivellements der Städte so speciell sein, dass die Rinnsteine danach regulirt werden. — Wird der Kostenpunkt als ein unübersteigliches Hinderniss der Erreichung dieser Vortheile gegenüber gestellt, so muss bemerkt werden, wie es sich vielleicht nachweisen liesse, dass der preussische Staat seit 60 Jahren für dergleichen Arbeiten mehr ausgegeben hat, als die vollkommenste Vermessung kosten kann, und doch haben wir bis heute noch nicht einmal von einer einzigen Quadratmeile eine Aufnahme aufzuweisen, die den Anforderungen entspräche, die man heut zu Tage zu machen berechtigt ist.

Hieraus geht hervor, dass man wohl mit eben so grossen Mitteln in 60 Jahren eine tadelfreie Landesaufnahme ausführen könnte, und darin dürfte um so mehr eine Aufforderung zu finden sein, einem bessern und sichern Ziele zuzusteuern, da Wissenschaft und Technik gegenwärtig gestatten, jegliche Ansprüche auf Jahrhunderte zu befriedigen.

Die intellectuellen Vortheile, welche eine gute Landes-Vermessung gewährt, bestehen darin, dass man theoretisch vorgebildete junge Männer, für alle darauf bezüglichen Zweige des Staatsdienstes, des Schulwesens, der Boden-Cultur und der Industrie auch vollständig praktisch ausbilden, und so den Vorwurf, den man häufig und mit Recht den Theoretikern und Gelehrten macht, für immer beseitigen kann. Haben diese Männer eine umfassende Kenntniss in den ange-

---

dem Bedürfniss in 2, 4 oder mehr Ruthen lothrechten Abstand eingezeichnet. Die abnivellirten Höhen sämmtlicher Grenzsteine einer Feldmark geben dabei die Anhaltspunkte und dienen zugleich zur Conservirung der gemessenen Höhen. Es ist selbstverständlich, dass man in ein solches Detail nur da eingehen wird, wo dasselbe wünschenswerth erscheint. Die Horizontalen in dieser Weise durch Wald und Berge legen zu wollen, würde wenig Einsicht in das Vermessungsgeschäft verrathen, wohl aber müssen auch hier die Wasserläufe abnivellirt werden.

wandten Theilen der Mathematik erlangt, so werden sie dieselben bald ihren Untergebenen und Schülern mittheilen, und hat erst einmal neben der wissenschaftlichen Richtung auch die praktische Platz gegriffen, so erhält sie sich von selbst, weil die Anwendung und der Gebrauch das Ziel der wissenschaftlichen Ausbildung, die Ernte der geistigen Aussaat ist.

Wenn man einwendet, dass sich Jeder die praktische Ausbildung eben so gut wie die theoretische verschaffen müsse, so muss erwiedert werden, dass für die letztere ausgedehnte Lehranstalten bestehen, für die erstere aber nicht, und dass es gerade diese Lücke ist, die den Fortschritten in praktischen Dingen überall hindernd im Wege steht.

Die praktische Ausbildung in den mathematischen Wissenschaften und namentlich in der Messkunde ist so schwierig und kostspielig, dass kein Privatmann sich dieselbe erwerben kann. Und wenn er wirklich die Mittel dazu besässe, wo findet er die Lehrer? Etwa bei unsern Feldmessern? — Unmöglich! denn der Feldmesser arbeitet für seinen Unterhalt und hat weder die Zeit noch die Mittel, um mit der Wissenschaft fortzuschreiten. Der junge Feldmesser lernt bei dem alten, wie der Lehrbursche bei dem Meister. Das Geschäft kann aber nicht wie manches andere Gewerbe so im Grossen betrieben werden, dass der Meister sich mit der Ausbildung und Fortbildung seines Faches beschäftigen könnte; er muss selbst unausgesetzt für seine Existenz arbeiten. Ein Fortschritt mit der Zeit und der Wissenschaft kann unter solchen Umständen billigerweise nicht erwartet werden, ja man kann sagen, er war unmöglieh. [1])

Das Bedürfniss nach praktischer Ausbildung im Vermessungswesen ist vielfach ausgesprochen und anerkannt worden, auch sind mancherlei Schritte dafür geschehen, und namentlich bei den Militär-Unterrichts-Anstalten; sie sind aber für die wissenschaftliche Messkunde ohne Erfolg geblieben, weil den Lehrern keine Gelegenheit gegeben ist, sich darin auszubilden. Bei den Gymnasien und Realschulen ist dies noch weit weniger der Fall, und doch besitzen diese Anstalten eine nicht unbedeutende Anzahl von Männern, die im Gebiet des theoretischen Wissens vollständig bewandert sind und das dringendste Bedürfniss

---

[1]) Hier tritt der Mangel einer Behörde, welche die Fortschritte der Wissenschaft und Technik verfolgt und zeitgemässe Verbesserungen einführt, klar hervor.

fühlen, sich die Kenntnisse und den Gebrauch der neuen Instrumente anzueignen, um ihren Schülern auch den praktischen Nutzen der Wissenschaft und die beste Art ihrer Anwendung zugänglich machen zu können, wodurch unzweifelhaft ein ganz neues Leben in die Wissenschaft selbst kommen würde.

Preussen hat viel gethan für den theoretischen Unterricht, es wird daher den Schlussstein nicht fehlen lassen, um sein herrliches Gebäude zu vollenden, an dem es erst die rechte Freude haben kann, wenn es vollendet dasteht!

Man würde Unrecht thun, wenn man den Behörden, die das Schulwesen zu leiten haben, einen Vorwurf daraus machen wollte, dass sie nicht in demselben Maasse wie für die theoretische, auch für die praktische Ausbildung Sorge getragen haben. Das letztere ist aber der grossen Geldmittel wegen äusserst schwer durchzuführen, und dazu kömmt noch, dass die grössten Fortschritte auf diesem Gebiete in die ganz neuere Zeit fallen, und die Ausbildung des theoretischen Unterrichts nothwendig vorangehen musste, ehe an den praktischen gedacht werden konnte. Dieser Zeitpunkt ist aber gekommen, und die Regierung würde Unrecht thun, wenn sie die Gelegenheit, wie die einer Landesvermessung, ferner noch vorüber gehen liesse, ohne sie zugleich für die intelligente Ausbildung des ganzen Landes nutzbar zu machen, weil es feststeht, dass Praxis und Theorie sich gegenseitig unterstützen und ergänzen, und dadurch nothwendig einen intellectuellen Fortschritt bedingen, der sich unfehlbar nach den verschiedenartigsten Richtungen und namentlich in der Industrie und Technik sehr bald bemerkbar machen wird. Hierzu kömmt noch, wie sich leicht nachweisen lässt, dass eine Landesvermessung nach streng wissenschaftlichen Grundlagen entworfen und mit guten Instrumenten nach den besten Methoden ausgeführt, am wenigsten kostet und den meisten Nutzen bringt.

Das bei den Vermessungen anzustellende Personal würde bestehen können: aus Officieren des stehenden Heeres, aus jungen Architekten, aus Schulamts- und Forstamts-Candidaten u. s. w. Die letzteren jungen Männer werden nach abgelegtem Examen bis zu ihrer Anstellung bei den Vermessungen beschäftigt und treten demnächst, wenn sich eine Stelle für sie findet, in den Staatsdienst über. Die dadurch entstehenden Vacanzen werden durch Neueintretende ersetzt. Diese höchst nützliche Anordnung setzt aber gleichzeitig voraus, dass ein hinreichend starkes Stammpersonal angestellt werde.

Auf diese Weise wird man tüchtige Lehrer für die Militär-Bildungs-Anstalten, für die Gymnasien und Realschulen, und praktische Verwaltungsbeamten für das Forst- und Steuerwesen und überhaupt für alle Branchen des Staatsdienstes, welche praktisch-mathematische Kenntniss verlangen, erhalten können. Hierdurch wird zugleich der Vortheil erlangt, dass auf lange Jahre hinaus sehr viele talentvolle junge Leute, die noch keine Anstellung haben, ein weites und nützliches Feld für ihre Thätigkeit finden, und ausserdem der Nachtheil abgewendet, dass eine Anzahl junger Leute, die sich sonst handwerksmässig für das Vermessungs-Geschäft ausbilden, nach Beendigung desselben nicht wissen, wo sie bleiben, noch womit sie sich beschäftigen sollen.

Wenn das Vermessungs-Geschäft als eine Vorbereitung und als ein Durchgangspunkt zum Staatsdienst angesehen wird, so arbeiten die jungen Leute ganz im Interesse der Sache und nicht um ihre künftige Existenz zu sichern und um Geld zu verdienen, wie es bisher bei den Vermessungen zu geschehen pflegte. Sie werden daher auch mit geringen Diäten zufrieden sein, und dennoch mit Eifer und Anstrengung arbeiten, wie es im Justizfach die Auscultatoren thun. Zu den obigen Vortheilen kömmt also noch der hinzu, dass dem Lande grosse Summen erspart werden können.

Verschiedene Methoden des Messens und Fehlerhaftigkeit derselben.

Es giebt zwei Methoden, Entfernungen zu messen, eine directe und eine indirecte. Letztere zerfällt wieder in zwei Abtheilungen, in die graphische und in die trigonometrische Triangulation. Diese drei verschiedenen Operationen sollen hinsichtlich des Zeitaufwandes, den sie erfordern und hinsichtlich der Genauigkeit, den sie gewähren, näher untersucht werden.

1. Die directe Messung. Eine Linie unmittelbar genau zu messen, ist die schwierigste Operation, die in der Messkunde vorkömmt; sie erfordert ganz besondere Vorrichtungen, und kostet viel Zeit und Geld.

Solche genaue Messungen kommen aber nur dann vor, wenn es sich darum handelt, Grundlinien zu einer trigonometrischen Vermessung zu schaffen. Wenn alle Hülfsmittel der Wissenschaft und Technik aufgeboten werden und mit grosser Vorsicht zu Werke gegangen wird, so kann man in 14 Tagen bis 3 Wochen mit einem Personal von 10 Arbeitern und 5 Beobachtern eine Länge von $\frac{1}{3}$ Meile doppelt und bis auf den $\frac{1}{700000}$ Theil richtig messen,[1]) d. h. man erhält eine Entfernung von $666\frac{2}{3}$ Ruthen bis auf 0,95 Linien genau.

Gewöhnlich werden die Entfernungen mit der Messkette oder mit Ruthenstäben gemessen. Die Feldmesser gebrauchen bei Detail-Vermessungen in der Regel die Kette zur Längenmessung, und zur Bestimmung der Winkel bedienen sie sich der Boussole oder eines nicht viel besseren Winkelmessers. Die Erfahrung lehrt, dass man auf diese Weise unter günstigen Umständen die Entfernung bis auf $\frac{1}{1000}$ der Länge richtig messen kann; unter ungünstigen Umständen aber und namentlich im Gebirge wird man schon mit der halben Genauigkeit, also mit $\frac{1}{500}$ und oft selbst mit $\frac{1}{300}$ sehr zufrieden sein müssen. Die aus der Messung abgeleiteten Flächen werden stets um die Hälfte fehlerhafter als die Entfernungen waren, d. h. wenn die gemessenen Längen auf 1000 Fuss einen Fuss Fehler haben, so wird der Fehler der daraus abgeleiteten Fläche $\frac{1}{500}$, und wenn die Längen auf 500 Fuss einen Fuss Fehler haben, so ist der Fehler der Flächen $\frac{1}{250}$, z. B.

Die Seite eines Quadrats von 1000 richtigen Fussen erhält man durch die Messung entweder = 999 oder = 1001 Fuss.

$$\begin{array}{rl} \text{Nun ist } (1000)^2 = & 1000000 \;\square\text{Fuss} \\ (1001)^2 = & 1002001 \;\square\text{Fuss} \\ \hline \text{Fehler} = & 2001 \;\square\text{Fuss} \end{array}$$

und dies ist der fünfhundertste Theil von einer Million □Fuss. Wäre die Seite des Quadrats = 1000 Ruthen = $\frac{1}{2}$ Meile gewesen, so erhält man auf 1000000 □Ruthen oder $\frac{1}{4}$ □Meile einen Fehler von: 2001 □Ruthe = $11\frac{1}{9}$ Morgen.

Für den doppelten Fehler in der Länge beträgt der Fehler der Fläche auch das Doppelte, also auf $\frac{1}{4}$ □Meile $22\frac{2}{9}$ Morgen. Die Messung mit der Kette reicht aber nicht aus; man muss auch noch Winkel messen und bedient sich dazu eines schwachen Instruments oder gar der Boussole, mit der man die Winkel höchstens bis auf 7 Minuten genau messen kann.

Ein Fehler im Winkel von 7 Minuten beträgt auf 1000 Ruthen

---

[1]) Küstenvermessung §. 9. und §. 11.

2 Ruthen Fehler oder $^1/_{500}$ der Entfernung. Diese Winkel müssen dann wieder graphisch aufgetragen werden, wobei abermals ein Fehler begangen wird. Rechnet man alle Fehler zusammen, so wird der mittlere Fehler auf 1000 Ruthen mindestens 3 Ruthen betragen. Dies giebt auf $^1/_4$ Meile $33^1/_3$ Morgen.

Bei jeder gewöhnlichen ökonomischen Vermessung wird man solche Fehler zu gewärtigen haben, und wenn sie diese Grenze nicht übersteigen, so muss der Feldmesser sehr gut gearbeitet haben. In den meisten Fällen wird diese Grenze aber sicherlich noch weit überschritten.

2. Die graphische Triangulation. Man bedient sich vorzugsweise des Messtisches dabei; sie setzt aber schon eine allgemeine und gute trigonometrische Messung voraus, durch die mindestens auf jedem Messtischblatt zwei trigonometrische Punkte bestimmt worden sind.

Die trigonometrischen Punkte werden nach rechtwinklichen Coordinaten gewöhnlich im Maassstabe von $^1/_{10000}$ auf der Messtischplatte aufgetragen, und alsdann mittelst der Kippregel oder des Diopterlineals von den trigonometrischen Grundlinien aus das Messtischblatt graphisch triangulirt. Die so bestimmten Punkte werden dann nach Abständen von den Sections-Rändern mit dem Zirkel abgegriffen und ihre Längen nach einem verjüngten Maassstabe in Ruthen ermittelt. Diese Coordinaten werden alsdann in einem grösseren Maassstabe aufgetragen und demnächst das Detail der Felder, Wiesen etc. vermessen. Die Fehler, denen man bei diesem Verfahren ausgesetzt ist, lassen sich auf folgende Weise ermitteln:

Die Genauigkeit, mit der man eine Linie mit dem Zirkel abgreifen und auf einem verjüngten Maassstabe ihre Länge ermitteln kann, geht höchstens bis auf $^1/_{100}$ Linie. Nun ist nach dem Maassstabe von $^1/_{10000}$ 1 Zoll = 100 Ruthen oder 10 Linien = 1000 Fuss, also eine Linie = 100 Fuss und $^1/_{100}$ Linie = 1 Fuss. Der Fehler, den man begeht, beträgt also mindestens auf 1000 Fuss 1 Fuss. Ein eben so grosser Fehler wird bei dem Auftragen der trigonometrischen Punkte begangen. Beide zusammen geben auf 1000 Fuss einen Fehler von 2 Fuss. Hierzu kömmt noch das ungleiche Verziehen des Papiers auf der Messtischplatte, die Schwierigkeit, Bleilinien längs der Kante des Lineals parallel und vertical zu ziehen; die Fehler des Diopterlineals oder der Kippregel, die Beobachtungsfehler und die Fehler in der

Aufstellung des Messtisches. Jede dieser 5 Fehlerursachen kann man direct auf $1/_{10}$ Procent der Länge veranschlagen: der summarische Fehler wird daher $6/_{10}$ bis $7/_{10}$ Procent betragen können. Wir wollen den kleinern Werth annehmen, und erhalten dann auf 1000 Fuss 6 Fuss, auf 1000 Ruthen 6 Ruthen Fehler in der Entfernung. Auf ein Quadrat von 1000 Ruthen Seite oder $1/_4$ □Meile beträgt dies 12036 □Ruthen oder sehr nahe 67 Morgen.

Diese Methode steht also der ersten in Bezug auf Genauigkeit noch beträchtlich nach und doch sind Kataster-Vermessungen auf diese Weise ausgeführt worden.

Es soll hiermit nicht gesagt sein, dass ein solcher Fehler durchgehends gemacht werden müsse, sondern nur, dass er diese Höhe erreichen könne, und dass er bei Kataster-Vermessungen, wo meist handwerksmässig gearbeitet wird, dieselbe wirklich erreicht. Wenn man den Messtisch mit grosser Vorsicht behandelt, so wird die Fehlergrenze allerdings beträchtlich eingeschränkt werden können, allein dann gebraucht man weit mehr Zeit als die Anwendung vollkommnerer Instrumente erfordert. Mit dem Messtisch wird die Auflösung der Aufgaben geometrisch construirt, mit einem Winkelinstrument analytisch berechnet. Wo es sich daher blos um die Construction horizontaler Figuren aus gegebenen festen Punkten handelt, führt der Messtisch am schnellsten zum Ziele; wo aber Höhen und Entfernungen in Zahlenwerthen (zur Bestimmung von Flächeninhalten etc.) gefordert werden, muss man sich eines guten Winkelinstruments bedienen.

Hieraus folgt, dass der Messtisch für eine militärische Aufnahme[1]) wohl noch brauchbar ist, dass er sich aber zu einer guten Landesaufnahme, die alle Bedürfnisse befriedigen soll, heut zu Tage nicht mehr eignet.

Die erwähnten Methoden haben ausser dem beträchtlichen Fehler, dem sie unterworfen sind, noch die Nachtheile, dass sie nur zur Bestimmung horizontaler Entfernungen und Flächen dienen können: die dritte Coordinate, die Höhe, welche zur vollständigen Bestimmung eines Punktes unerlässlich ist, fällt ganz weg; denn das Messen der Höhen vermittelst der Kippregel, wenn sie wie bei uns (ohne Correctionen und Reductionen), aber nicht wissenschaftlich gebraucht

---

[1]) Ein kleiner dreizölliger Theodolit in Verbindung mit der Distancelatte leistet selbst bei militärischen Aufnahmen mehr als der Messtisch.

wird, ist viel zu unsicher, als dass es überhaupt als Messung gelten könnte.

Hiernach wird auch dem Unkundigen einleuchten, dass beide Methoden ihrer Fehlerhaftigkeit und Unvollständigkeit wegen sich nicht zur Anfertigung einer guten Aufnahme eignen. Der Grund, warum sie aber dennoch bei allen Detail-Vermessungen in Gebrauch sind, liegt lediglich darin, dass dieser Theil des Staatsdienstes, der grossen Summen ungeachtet die er in Anspruch nimmt, regungslos still gestanden hat, weil er einer einsichtsvollen Leitung gänzlich entbehrt. Die nothwendige Folge davon war, dass alle Fortschritte der Wissenschaft und Technik unbenutzt geblieben sind, und die Geometer grösstentheils heute noch nicht besser zu messen verstehen als vor hundert Jahren.

3. Die trigonometrische Triangulation. Dieselbe stützt sich auf eine mit der grössten Genauigkeit gemessene Grundlinie, und wird mit den besten Instrumenten ausgeführt, die aus den Werkstätten der Künstler hervorgehen. Die Dreiecke werden gewöhnlich in drei Klassen getheilt, in Dreiecke der 1., 2. und 3. Ordnung, um dadurch den Grad der Genauigkeit zu bezeichnen, auf den die Seiten dieser Dreiecke Anspruch machen können.

Die Winkel der Hauptdreiecke werden auf das sorgfältigste gemessen, und die Seiten nach mathematisch richtigen Rechnungsmethoden mit Berücksichtigung der sphäroidischen Gestalt der Erde aus der Grundlinie abgeleitet. Diese Seiten der Hauptdreiecke werden dann als Grundlinien für die Dreiecke der 2. Ordnung benutzt, und deren Seiten geben wieder die Grundlinien für die Dreiecke der 3. Ordnung. Neben den horizontalen Winkeln werden gleichzeitig auch die Höhenwinkel gemessen und alle Punkte nach 3 Coordinaten, d. h. nach Richtung, Entfernung und Höhe bestimmt.

Diese Methode ist allein wissenschaftlich und Hand in Hand mit der Technik aus- und fortgebildet worden; sie hat daher auch gegenwärtig einen Grad der Vollkommenheit erreicht, der über das praktische Bedürfniss hinausgeht, und lässt nicht blos in Bezug auf Genauigkeit, sondern auch hinsichtlich des Zeitgewinnes die andern Methoden weit hinter sich zurück. Da zur Ableitung aller Resultate nur Winkelmessungen nöthig sind, so ist zur Ausführung einer vollständigen Landesvermessung mit Einschluss der genauen Orientirung der Karte und der geographischen Ortsbestimmungen nur ein Winkelmess-Instrument, der Theodolit, erforderlich, dessen Leistungen durch die Anwendung der Mikrometer an Stelle der Nonien dergestalt gesteigert wurden, dass man gegen früher bei grösserer Genauigkeit nur die Hälfte der Zeit zur Messung eines Winkels gebraucht und daher doppelt so viel als sonst damit leisten kann. Hieraus allein geht schon hervor, dass es nicht zu viel gesagt ist, wenn behauptet wurde, dass das Land die Unkenntniss des Neuen mit schweren Opfern bezahlen muss. Die Einrichtung dieses Theodoliten ist von der Art, dass nach Belieben horizontale und Höhenwinkel zugleich damit gemessen werden können. Das Princip der Construction und der Gebrauch bleiben überall dieselben, nur die Grösse variirt nach dem Zweck der Operation. Für die Hauptdreiecke und astronomischen Bestimmungen wendet man sie von 12 bis 20 Zoll Durchmesser an; für die Dreiecke der zweiten und dritten Ordnung von 12 bis 8 Zoll, und für die Detail-Triangulation wird man von 8 bis 5 Zoll herunter gehen können. Ein kleiner Theodolit mit 5zölligen Horizontal- und Höhenkreisen wiegt 8 bis 10 Pfund und ist nicht schwerer zu transportiren und aufzustellen als ein Messtisch mit einer Kippregel; das Beobachten damit geht aber viel schneller und ist in gar keinem Vergleich genauer.

Um die grosse Ueberlegenheit der trigonometrischen Methode über die anderen vollständiger übersehen zu können, bleibt nur noch übrig, ihre Fehler zu ermitteln. Der Fehler einer sorgfältigen Winkelmessung mit einem 15zölligen Theodoliten beträgt nach §. 97. der Küstenvermessung $\frac{1}{3}$ Secunde, dies giebt auf 3 Meilen einen Zoll, oder auf 300 Meilen eine Ruthe. Der Fehler der Seiten in der Hauptdreieckskette zwischen der Königsberger und Berliner Grundlinie ist = $\frac{1}{123000}$ der Länge, oder auf 61 Meilen eine Ruthe. Man wird daher mit Einschluss aller nachtheiligen Einflüsse für die Hauptdreiecke den Fehler in runder Zahl = $\frac{1}{100000}$ der Länge annehmen können, d. h. auf 5 Meilen einen Fuss.

Die Dreiecke der zweiten Ordnung können gewöhnlich nicht mehr mit der Sorgfalt gemessen werden, wie die Dreiecke der ersten Ordnung, sie können deshalb nur auf die halbe Sicherheit Anspruch machen, weshalb ihr Fehler doppelt so gross oder $\frac{1}{50000}$ betragen wird. In demselben zunehmenden Verhältniss erhalten wir den Fehler der Dreiecke der dritten Ordnung = $\frac{1}{25000}$ oder auf $1\frac{1}{4}$ Meile einen Fuss.

Wenn nun eine solche Arbeit, die auf 25000 Fuss nur einen Fuss Fehler hat, weiter in das Detail fortgeführt wird, mit Instrumenten, die wie der Messtisch und die Kette nebst Boussole einen mehr als hundertfachen Fehler zulassen, so ist hier ein Sprung, der eine wahre Ironie auf eine Wissenschaft wie die Mathematik sein würde, wenn er nicht zu vermeiden wäre. Wenn er aber zu vermeiden ist, so wird der Unkundige fragen, warum es nicht geschieht? Dieselbe Frage thut aber auch der Kundige, und dennoch bleibt es beim Alten.

Es ist durchaus kein Grund vorhanden, warum die Arbeit nicht mit leichten Theodoliten, etwa acht- oder fünfzölligen, und selbst dreizölligen, in derselben Weise sollte fortgeführt werden können. (Die Detail-Triangulation nebst Nivellement von Irland ist mit siebenzölligen Theodoliten ausgeführt worden.) Im Gegentheil, dies Verfahren würde erst consequent und sachgemäss sein.[1] Geben wir für die Detail-Triangulation in den einzelnen Gemeinden mit einem fünfzölligen Theodoliten einen Fehler zu, der selbst fünfmal so gross ist als bei den Dreiecken der dritten Ordnung, was sicherlich viel zu viel ist, so erhalten wir für diese den Fehler in der Länge = $^1/_{5000}$, also eine zwölfmal grössere Genauigkeit als bei der Aufnahme mit der Kette und Boussole und eine fünfundzwanzigmal grössere als bei der graphischen Triangulation mit dem Messtisch.

Der Fehler der trigonometrischen Höhenmessung bei gegenseitig und gleichzeitig gemessenen Zenithdistanzen mit achtzölligen Höhenkreisen, beträgt auf die Meile $^4/_5$ Zoll, oder auf $^5/_4$ Meilen 1 Zoll, oder $^1/_{250000}$ der Entfernung.[2]

---

[1]) Bei der Kataster-Vermessung in Schwarzburg-Sondershausen sind seit 1852 auf meinen Vorschlag fünfzöllige Theodoliten mit Horizontal- und Höhenkreis und mikroskopischen Ablesungen eingeführt. Auch im Württembergischen sollen die Theodoliten bereits bei den Detail-Messungen allgemein angewendet werden. Im Gothaischen sind sie schon länger im Gebrauch, aber ohne Höhenkreis. In Frankreich werden bei dem Kataster Theodoliten mit dreizölligen Horizontal- und Höhenkreisen, in Verbindung mit der Distancelatte und dem geometrischen Zirkel, bis in's kleinste Detail mit grossem Vortheil angewendet. Siehe Géodésie pratique par M. J. A. Laur, Ingénieur civil, ancien géomètre en chef du cadastre. Sixième édition. Bruxelles 1855. — Können wir, diesen Thatsachen gegenüber, die alten, weniger sicheren und kostspieligeren Methoden und die Vernachlässigung der für die Bodencultur höchst wichtigen Höhenverhältnisse noch fernerhin festhalten und das Bessere noch länger zurückweisen? —

[2]) Nivellement zwischen Swinemünde und Berlin. Seite 111.

Mit einem guten Pistor'schen Nivellir-Fernrohr kann man bei sorgfältiger Behandlung etwa dasselbe leisten.

Bei gegenseitigen, aber nicht gleichzeitigen Zenithdistancen ist der zu erwartende Fehler = $^1/_{57000}$ der Entfernung, und bei blos einseitigen Zenithdistancen, wenn sie zur günstigen Tageszeit gemessen werden, $^1/_{50000}$, [1]) d. h., der Fehler eines solchen Nivellements beträgt auf $2^1/_2$ Meile Entfernung einen Fuss. Dieselbe Genauigkeit geben auch fünfzöllige Theodoliten, mit Mikroskopen an Stelle der Nonien. Werden mit diesen Theodoliten aber gegenseitige und gleichzeitige Zenithdistancen gemessen, so vermindert sich der Fehler um mehr als das Dreifache, dergestalt dass er pro Meile nur etwa $1^1/_2$ Zoll beträgt.

Nach dem gegenwärtigen Standpunkte der Wissenschaft und Technik kann daher folgendes geleistet werden:

Alle Punkte in einer Feldmark exclusive der einzelnen Feldparcellen, können nach drei Coordinaten dergestalt bestimmt werden, dass die Entfernungen auf 5000 Fuss einen Fuss[2]), die Höhenunterschiede wenigstens auf 50000 Fuss einen Fuss Fehler haben, und hierzu gehört nicht mehr Zeit, als wenn diese Arbeit mit der Kette und Boussole oder einem graphischen Winkelmesser ausgeführt wird. Für dieselben Kosten lässt sich also eine zwölfmal genauere Arbeit und ein vollständiges Nivellement obenein liefern, und mit geringen Mehrkosten kann die Sicherheit des Nivellements noch beträchtlich erhöht werden.

Organisation einer Landes-Vermessung.

Das Anfertigen einer guten Karte ist ein schwieriges und sehr complicirtes Geschäft, welches ausgedehnte theoretische und praktische Kenntnisse erfordert. Alle Theile desselben müssen gleichmässig fortschreiten und systematisch in einander greifen, wenn das Ganze in einem geregelten Gange erhalten und in Einem Guss durchgeführt werden soll. Von den Hauptdreiecken herab bis zur Parcellen-Vermessung ist eine ununterbrochene Kette mathematischer Folgerungen, die alle klar aufgefasst und richtig erkannt sein müssen, wenn man gegen grobe Fehler und Irrthümer sicher sein will.

---

[1]) Küstenvermessung, Seite 575.

[2]) Die Schwarzburg-Sondershausen'sche Kataster-Vermessung wird in dieser Weise ausgeführt, und die trigonometrische Behandlung hat sich dabei vollkommen bewährt.

Sollen alle Glieder dieser Kette sich richtig in einander fügen, so müssen sie nach einem durchgreifenden, wohldurchdachten und sicher begründeten Plane ausgeführt werden; für jede einzelne Operation muss die Methode des Betriebes und die Fehlergrenze festgestellt, und das Innehalten derselben streng überwacht werden; es muss eine Gleichmässigkeit in allen Theilen stattfinden, damit nicht an einer Stelle zu viel, an der andern zu wenig geschehe, wodurch man so häufig Zeit und Kosten verschwendet und doch schlechte Arbeiten liefert.

Ueberhaupt kann bei einer Aufnahme viel gespart und viel verschwendet werden: Alles kommt auf die Leitung an! Ohne eine einheitliche [1]) und umsichtige Leitung ist nie ein gutes Kartenwerk zu Stande gekommen, sie ist die Seele des Ganzen und unerlässliche Bedingung für jede Vermessung, die auf Gründlichkeit, Vollkommenheit und Oekonomie in den Mitteln Anspruch machen will.

Ausbildung und Vorbereitung zu dem Geschäft.

Die Messkunde ist gegenwärtig zu einer vollständigen Wissenschaft geworden; sie ist nicht nur im Stande, ihre Aufgaben mit Sicherheit zu lösen, sondern sie kann auch, mit Hülfe der Methode der kleinsten Quadrate, die wahrscheinlichen Fehler jedes Endresultates bestimmen, und so durch die Arbeit selbst über ihren Werth oder Unwerth entscheiden.

Dieser ausserordentliche Fortschritt in der Theorie hat neue Anstrengungen in der Technik hervorgerufen, die ebenfalls mit grossem Erfolg gekrönt wurden: die neuen Winkelmessinstrumente sind in ihrer Construction, Kreistheilung etc. und durch die Mikrometer, welche die Stelle der Nonien vertreten, so vervollkommnet worden, dass die Winkel mit einer bewundernswürdigen Genauigkeit und Schnelligkeit gemessen werden können. Die kleinen Fehler des Instruments, die sich nach jeder Aufstellung ändern, und die früher sehr mühsam und doch nicht vollständig corrigirt werden mussten, können durch die Anordnung der Beobachtungen aus dem Resultate entfernt werden; ja es gelingt

---

[1]) Der Mangel an einer einheitlichen Leitung in unserm Vermessungswesen ist der Grund, dass wir so zurück und mit den Fortschritten in anderen Staaten so unbekannt geblieben sind.

sogar, die stetige Veränderung des Standpunktes wie das Drehen der Beobachtungspfeiler etc., auf diesem Wege unschädlich zu machen.

So haben Theorie und Praxis sich die Hand gereicht, um mit dem Minimum der Zeit und der Mittel ein Maximum zu leisten. Dies ist der Standpunkt der wissenschaftlichen Praxis der Messkunde. Wenden wir uns aber nun zu der Praxis, wie sie bei uns ausgeübt wird, besonders in dem ganzen Bereich der Detail-Vermessung, so vermissen wir Alles, was an jener gerühmt wurde. Die guten Methoden sind kaum dem Namen nach bekannt und gute Instrumente weiss man nicht zu gebrauchen.

Die Methode der kleinsten Quadrate ist für jede mathematische Praxis gegenwärtig eine Nothwendigkeit geworden, die gar nicht entbehrt werden kann, und doch giebt es im ganzen Preussischen Staat keine Unterrichts-Anstalt, wo ihre Anwendung auf die Resultate der Vermessungen gelehrt würde, und noch viel weniger eine, wo in der Behandlung der Instrumente und in der Kunst zu beobachten unterrichtet wird. Und doch ist hiervon die Zuverlässigkeit einer derartigen Arbeit ganz und gar abhängig.

Es liegt aber eben sowohl im Interesse des Staates, als auch im Interesse der Privaten, welche Vermessungen ausführen lassen, dass mit den wenigsten Kosten möglichst gute Arbeiten geliefert werden. Wenn man daher die Vortheile, welche Wissenschaft und Technik auf diesem Gebiete längst errungen haben, nicht noch ferner entbehren will, so wird das Bedürfniss nach einer gründlichen wissenschaftlichen Ausbildung im Vermessungswesen anerkannt werden müssen, und die Nothwendigkeit der Errichtung einer ent prechenden Lehranstalt nachgewiesen sein.

Da die jährlichen Ausgaben für Vermessungen im ganzen Staatsgebiet ansehnliche Summen betragen, und kaum ein anderer Unterrichtszweig so directe Vortheile für das praktische Leben verspricht, so wird man mit Sicherheit annehmen können, dass die auf die Ausbildung verwendeten Kosten reichliche Zinsen tragen, die dem Staate in intellectueller und dem Lande in materieller Beziehung zu Gute kommen. Diese Anstalt wird unter die unmittelbare Leitung des Dirigenten der Landesvermessung zu stellen sein. Der Lehrplan setzt Differential- und Integralrechnung voraus. Gegenstände des Unterrichts sind: Allgemeine Theorie des Messens auf der sphäroidischen Erdoberfläche, und die Methode der kleinsten Quadrate; Anwendung der Theorie auf das praktische Messen, Bestimmung der wahrscheinlichsten Grössen aus den Beobachtungen und der wahrscheinlichen Fehler der Endresultate; Rechnungsmethoden für die gewöhnlich vorkommenden Aufgaben; Projections- und Constructions-Methoden; Theorie und Gebrauch der Instrumente; Anleitung zum Beobachten, zur Führung der Journale und Vermessungs-Register. [1])

Zwei theoretisch und praktisch tüchtige Lehrer werden ausreichen, da hier der wechselseitige Unterricht auf die vortheilhafteste Weise zu Hülfe genommen werden kann. Die Zöglinge werden im Vermessungs-Büreau mit Rechnungen für die Landesvermessung beschäftigt und erhalten den Unterricht nebenher, wodurch die Vermessungsarbeiten und zugleich auch die Ausbildung gefördert werden. Ein einjähriger Cursus dürfte bei genügender Vorbildung zur Ausbildung in den meisten Fällen hinreichen.

Am Ende desselben hat Jeder, der Feldmesser werden will, ein Examen zu bestehen; erlangt er das Zeugniss der Reife, so kann er bei der Landesvermessung beschäftigt werden, oder sich als Feldmesser selbständig etabliren.

Eine solche Vorbereitungsschule ist eine unerlässliche Bedingung für eine Landesvermessung; dieselbe kann nur gelingen, wenn alle Arbeiten in Einem Guss durchgeführt werden. Eine andere Regulirung der verschiedenen Kenntnisse, Befähigungen und Ansichten durch eine schriftliche Instruction ist unzureichend, und es würden zahllose Abweichungen und Fehler vorkommen, weniger aus bösem Willen, als aus Unkenntniss und Unbekanntschaft mit der vorgeschriebenen Methode.

Der Zweck, eine überall gleich zuverlässige Arbeit mit den geringsten Mitteln zu liefern, würde nicht erreicht werden, denn dazu gehört, dass die Arbeiten so gleichmässig durchgeführt werden, dass Jeder an die Stelle des Andern eintreten und dessen angefangene Arbeiten weiterführen kann, damit bei Versetzungen, Krankheiten,

[1]) In Russland und in Frankreich bestehen schon seit Jahren theoretische und praktische Schulen für die gesammte Messkunde und die bildliche Darstellung der Berge. Diese Schulen sind in beiden Staaten dem Generalstabe und der allgemeinen Landesvermessung annexirt, es stehen ihnen vollständig ausgerüstete Observatorien zu Gebot und sie liefern tüchtige, in allen Zweigen des Messens und Beobachtens durchgebildete Männer vorzugsweise für den Generalstab und die Marine.

Todesfällen u. s. w. keine Stockungen und Zeitverluste entstehen, die jedem Geschäfte nachtheilig, bei Vermessungen aber allemal mit bedeutenden pecuniären Verlusten verbunden sind. Diese sonst unerreichbare Regelung des Ganzen macht sich aber leicht, sobald alle Arbeiter durch die Vorbereitungsschule gegangen sind, das Geschäft in allen Einzelheiten kennen gelernt haben, und nicht mehr auf Kosten des Staates oder der Privaten im Ungewissen zu experimentiren brauchen, um im günstigsten Falle zu finden, was schon längst bekannt war. Der Dirigent bezeichnet dann einfach Diejenigen, welche er für befähigt hält, zu den praktischen Arbeiten abzugehen; eine lithographirte Instruction, von der jeder Arbeiter ein Exemplar erhält, schreibt den Geschäftsgang vor: lithographirte Hefte bestimmen die Ordnung und den Gang der Rechnungen; lithographirte Journale erleichtern das Eintragen der Beobachtungen und das Führen der Register etc.

Auf diese Weise wird eine Ordnung erreicht werden, die so weit geht und gehen muss, dass die Arbeiten der Einzelnen so vollständig ein Ganzes bilden, als ob Einer sie gearbeitet hätte, und nur wenn dies der Fall ist, wird eine maasslose Verwirrung vermieden und die nothwendige Uebersicht, Klarheit und Sicherheit erreicht werden, durch welche allein der Erfolg verbürgt werden kann.

Geschäftskreis der Landes-Vermessung.

Der Landes-Vermessung liegt ob, eine Karte des preussischen Staates nach dem gegenwärtigen Standpunkt der Wissenschaft und Technik anzufertigen: sie hat dazu die erforderlichen Aufnahmen und Vermessungen in der Art anzuordnen und zu leiten, dass dieselben in einer Vollkommenheit ausgeführt werden, die jede fernere Aufnahme und Vermessung entbehrlich macht und gestattet, dass sie mit Sicherheit sowohl zur Anlegung eines Steuer-Katasters, als auch zu Entwürfen von Strassen, Eisenbahnen u. s. w. benutzt werden kann. Zu dem Ende werden alle Vermessungen, Nivellements etc., welche von Staatswegen ausgeführt werden, unter ihre Leitung gestellt. Die Behörden, welche dergleichen Arbeiten ausgeführt haben wollen, wenden sich an die Direction, die einen Kostenanschlag einreicht und nach Genehmigung desselben die Arbeiten ausführen lässt. Die Direction ist für die Richtigkeit der Arbeit verantwortlich, und ermächtigt, Copien davon in ihrem Archiv niederzulegen. Auch Vereinen und Privatleuten kann verstattet werden, dergleichen Arbeiten, durch die Landes-Vermessung, insofern deren Arbeitskräfte dazu ausreichen, ausführen zu lassen. Die Liquidation der Kosten findet hierbei in derselben Weise wie bei den Staatsarbeiten statt, und der Direction bleibt auch hier die Befugniss, Copien für ihr Archiv zurückzubehalten und für die Karte des Landes zu benutzen. Wo die Landesaufnahme bereits beendigt ist, erhalten die Behörden und Privaten Copien und haben in diesem Fall nur die Kosten derselben zu bezahlen, wenn nicht finanzielle Gründe eine andere Bestimmung nothwendig machen.

Die sämmtlichen reichhaltigen Materialien, welche bei den verschiedenen Staatsbehörden vorhanden sind, werden der Direction zugänglich gemacht, von dieser geprüft, und wenn sie probehaltig befunden werden, zu dem grossen Kartenwerke des Staates benutzt.

Zu dem umfangreichen Geschäftsbetrieb werden fünf Abtheilungen formirt, deren specielle Thätigkeit in dem Folgenden näher angegeben werden soll:

I. Abtheilung.

Zu ihrem Bereich gehören: die Messung der Grundlinien; astronomische Ortsbestimmungen zur genauen Orientation der Karte; Projection der Karte und Eintheilung in Sectionen; Messung der Hauptdreiecke und Hauptnivellementslinien; Messung der Dreiecke der zweiten und dritten Ordnung nebst den dazu gehörigen Nivellements; Berechnung sämmtlicher bestimmten Punkte nach drei Coordinaten:

Von früheren Arbeiten können benutzt werden:

a) Die Hauptdreiecke des Generalstabes, welche in der Gradmessung in Ostpreussen und in der Küstenvermessung niedergelegt sind. Von den älteren Hauptdreiecken aber nur diejenigen, wo die Stationspunkte sich wieder auffinden lassen.

b) Von den Dreiecken der zweiten und dritten Ordnung des Generalstabes wird auch noch Einiges brauchbar sein, doch muss die Benutzung mit sorgfältiger Auswahl geschehen.

c) Dasselbe gilt auch von den Triangulationen der Kataster-Vermessung in Westphalen und am Rhein.

Bei den unter b und c aufgeführten Arbeiten fehlen die Höhenbestimmungen zum Theil und müssen ergänzt werden.

Die Arbeiten dieser Abtheilung erfordern bedeutende mathematische Kenntnisse und grosse Gewandtheit im Beobachten und Rechnen;

die Arbeiter werden daher aus dem intelligentesten Theil des Personals auszuwählen sein.

II. Abtheilung.

Sie bearbeitet die Detail-Triangulation der einzelnen Feldmarken und die Special-Nivellements der Flüsse, Bäche und Wasserläufe. Die Dreiecke der ersten, zweiten und dritten Ordnung dienen hierzu als Grundlinien. Nach drei Coordinaten, innerhalb der früher angegebenen Fehlergrenze werden bestimmt: die Grenzsteine, Grenzhügel etc. der Gemeinde-Gemarkung; die Grenzpunkte der einzelnen Feldabtheilungen (Gewende, Geschrote etc.) und anderweitig bezeichnete oder markirte Punkte.

Alle diese Punkte werden so bezeichnet, dass sie wiedergefunden werden können; die Grenzsteine durch eingehauene Kreuzschnitte, die übrigen durch Steine im Boden versenkt und mit Kreuzschnitten oder einem Bohrloche versehen. Von allen werden die drei Coordinaten in Zahlen angegeben und ein Verzeichniss derselben, nebst dem Flächeninhalt der ganzen Gemeinde und der einzelnen Feldabtheilungen, der Gemeindekarte beigefügt, die aus den berechneten Coordinaten zu construiren ist.

Von älteren Arbeiten ist Nichts vorhanden, was hier benutzt werden könnte.

Besondere Instructionen bestimmen für beide Abtheilungen das speciellere Verfahren, und die Mittel, welche zur Controle anzuwenden sind.

III. Abtheilung.

Ihr fällt die Parcellen-Vermessung in den einzelnen Feldabtheilungen der Gemeinden zu. So wie die zweite Abtheilung von der ersten ihre Grundlinien erhielt, so erhält diese Abtheilung von der zweiten die festen Rahmen der Gemeindegrenzen und Feldabtheilungen, welche sie durch das Eintragen der Parcellen auszufüllen hat. Diese Arbeit kann von gewöhnlichen Geometern ausgeführt werden; sie können sich dabei der Kette und Boussole oder der Maassstäbe, oder auch unter Umständen des Messtisches bedienen, je nachdem sie an den Gebrauch der einen oder andern Instrumente gewöhnt sind. Da die Flächeninhalte der einzelnen Partien durch die trigonometrischen Arbeiten der zweiten Abtheilung genau bekannt sind, so können sie sicher controlirt werden, und die Fehler, die sie etwa machen sollten, können sich nicht über die Grenzen einer Feldabtheilung fortpflanzen.

Aus den Flurkarten werden mit dem Pantographen die Gemeindekarten angefertigt, und durch eine besondere Abtheilung des Personals die Niveaulinien mit dreizölligen Theodoliten ermittelt und eingezeichnet.

Soll eine Separation in einer Gemeinde stattfinden, so kann dieselbe ohne weiteres nach beendigter Aufnahme vorgenommen werden.

Für diese Abtheilung findet sich ein reichhaltiger Schatz brauchbarer Materialien vor. Alle Separations-Vermessungen, Aufnahmen von Rittergütern, Domänen und Forsten sind zu benutzen, und wenn diese Arbeiten nicht schlecht sind, so ist nichts weiter nöthig, als sie nach der von der zweiten Abtheilung gelieferten Grundlage zu orientiren und einzutragen; ja es wird sogar die Detail-Triangulation der zweiten Abtheilung in vielen Fällen beträchtlich vereinfacht werden können, worüber die Vorstände der Abtheilung sich zu vereinbaren haben.

Auf diese Weise wird das gesammte vorhandene Personal der Feldmesser und der Vermessungs-Revisoren, in soweit dasselbe disponibel zu machen ist, hinreichende Beschäftigung finden, und namentlich werden die letzteren bei den verschiedenen Abtheilungen mit grossem Nutzen zu verwenden sein.

IV. Abtheilung.

Aufnahme der Berge und Unebenheiten des Bodens im Maassstabe von $^1/_{25000}$ zur bildlichen Darstellung der Bergformen durch Zeichnung. —

Darstellung der Gebirgszüge und Bergformen in ihrer charakteristischen Beschaffenheit und nach ihren relativen Verhältnissen durch Zeichnung im Maassstabe von $^1/_{80000}$. —

Die Abtheilung erhält zu ihren Arbeiten die fertigen Sectionen der Horizontal-Aufnahme nebst den Horizontalen in Bleistift und den Höhenverzeichnissen in den Maassstäben $^1/_{25000}$ bis $^1/_{80000}$.

Zum Legen der Horizontalen, wo es ausserdem, z. B. in den Gebirgen, noch erforderlich sein sollte, ist ausser dem Planchet ein Instrument anzuwenden, mit dem man bequem, leicht und sicher Entfernungen und Höhen messen und zugleich nivelliren kann.

Diesen Anforderungen genügt ein kleiner dreizölliger Kreis, ähnlich dem Kater'schen, aber mit einigen nothwendigen Abänderungen in der Construction.[1])

Das Aufnehmen der Berge kann nur von Officieren des Generalstabes und der Armee ausgeführt werden, weil das Bergzeichnen nirgends anders, als in den Militärschulen gut gelehrt wird. Die Kunst des Bergzeichnens ist aber nicht leicht und nicht jeder erlernt sie; man wird daher zu diesem Geschäft eine besondere Auswahl in dem Personal zu treffen haben.

Es übt nichts so in der klaren und bestimmten Auffassung von Terrainverhältnissen als das Zeichnen der Berge, und umgekehrt muss ein guter Bergzeichner nothwendig die Gabe einer leichten Terrain-Auffassung besitzen. Deshalb würde es wünschenswerth sein, wenn bei uns, wie in andern Ländern, möglichst viele Officiere daran Theil nehmen könnten, weil von ihnen vorausgesetzt werden kann, dass sie in dieser Kunst eine mehr als gewöhnliche Uebung besitzen.

Das Legen der Horizontalen erfordert dagegen keine künstlerischen Gaben, nur Aufmerksamkeit: Jeder kann es lernen. Wenn daher die commandirten Officiere im allgemeinen mit dem Legen der Horizontalen beschäftigt werden, und nur zur Uebung Berge zeichnen, um daran ihr Talent kennen zu lernen, so wird man Gelegenheit haben, die guten Bergzeichner heraus zu finden. Bei der Darstellung der Gebirgszüge und Höhenverhältnisse in der Specialkarte von $^1/_{80000}$ müssen die Zeichner die Gegend, welche sie darstellen sollen, gesehen haben. Wenn die Reduction von einem grossen Landstrich beendigt ist, so muss ein besonders gewandter Zeichner noch einmal, mit den Sectionen in der Hand, die Gegend in Augenschein nehmen und damit vergleichen, um die letzten Drucker hinein zu legen.

V. Abtheilung. Büreau der Landes-Vermessung.

Persönliche und Sachliche Verhältnisse. — Construction der Sectionen der topographischen Karte im Maassstabe von $^1/_{25000}$ und im Maassstabe von $^1/_{80000}$ für den ganzen Preussischen Staat.

Das Kartenpapier wird vorher auf Leinwand gezogen, gepresst und getrocknet, ehe die Sectionen construirt werden, damit es sich so wenig als möglich verziehen kann. Auftragen der trigonometrischen

---

[1]) Die dreizölligen Theodoliten von Richer in Paris nebst der Distancelatte, deren Fernrohr zugleich als Nivellirfernrohr gebraucht werden kann, sind vortrefflich dazu geeignet.

Punkte. Reductionen der Gemeinde-Karten mit dem Pantographen in den Maassstab von $^1/_{25000}$ und in den Maassstab von $^1/_{80000}$.

Anfertigung von Copien mit dem Pantographen für Behörden und Private. — Jede Regierung erhält von ihrem Bezirk und jeder Landrath von seinem Kreise eine Copie von $^1/_{25000}$ mit Horizontalen, Archiv und Depot von sämmtlichen Messungen und Aufnahmen. Diese Behörden haben zugleich die Verpflichtung, alle Veränderungen in den Flur- und Gemeinde-Karten von dazu bestimmten Geometern eintragen zu lassen.

Herausgabe localer Pläne und Karten. Auch von den Gemeinde- und Forstkarten können vermittelst des Pantographen Copien genommen und leicht durch Umdruck vervielfältigt werden.

Diese Copien lassen sich zu verschiedenen Zwecken sehr nützlich anwenden: es können darauf die Classificirungen des Bodens durch Farben, die mineralogischen Bestandtheile der Oberfläche, des Untergrundes und der Gebirgsarten etc. bildlich dargestellt werden; auch zu Uebersichten von speciellen Forst-, Wiesen- und Feld-Culturen werden sie willkommen sein.

Solche Copien können in beliebiger Anzahl jedem Gutsbesitzer etc. für einen billigen Preis abgelassen werden, so dass er sich alljährlich seine Culturen darauf übersichtlich darstellen kann. Ebenso können auch für die Kreis- und Provinzial-Behörden wohlfeile, durch Umdruck vervielfältigte Copien im Maassstabe von $^1/_{25000}$ geliefert werden, die zu Fluss- und Strom-Regulirungen, zu Wege- und Strassenbau und zu Uebersichten jeder Art, die man aus den Gemeinde-Karten zusammenstellen will, geeignet sind.

Motivirung der verschiedenen Maassstäbe.

Das Verhältniss, in welchem die natürlichen Entfernungen auf einer Karte verkleinert werden, wird durch den Gebrauch bedingt, den man von der Karte machen will. Von einer Flurkarte verlangt man, dass bei Feldparcellen die Länge eines Fusses noch erkannt werden kann. Dies wird erreicht, wenn man die Länge von einer Ruthe auf der Karte einer halben Decimallinie gleich macht, welches eine Verkleinerung von $^1/_{2000}$ giebt.

Bei einer Gemeinde-Karte will man die Lage und Grösse der einzelnen Fluren (Flurabtheilungen), selbst einzelner Gebäude noch mit möglichster Genauigkeit übersichtlich dargestellt haben, man wird dieselbe daher nur um das Doppelte, höchstens um das Dreifache kleiner als die Flurkarten machen dürfen. Dies giebt $^1/_{4000}$ oder $^1/_{6000}$.

In unsern östlichen Provinzen, wo nicht so kleine Parcellen vorkommen, als in den westlichen, wird man eine mittlere Verkleinerung, also $^1/_{5000}$, zweckmässig anwenden können.

Wählt man den Maassstab zu gross, so wird bei ausgedehnten Gemeinden durch die Grösse der Karte die Uebersicht erschwert; wählt man ihn zu klein, so geht manches Detail entweder verloren, oder es kann ohne Ueberschreitung des Maassstabes nicht mehr deutlich ausgedrückt werden.

Zur bessern Uebersicht der bau-technischen und administrativen Verhältnisse in den Kreisen und Provinzen wird man wieder eine vier- bis fünfmalige Verkleinerung wählen können, also $^1/_{20000}$ oder $^1/_{25000}$; doch kommen auch grössere Maassstäbe, z. B. $^1/_{10000}$ in England und den Niederlanden vor.

Bei den Specialkarten herrscht eine noch grössere Verschiedenheit in den Maassstäben; sie kommen von $^1/_{50000}$ bis $^1/_{200000}$ vor.

Die Anforderung, welche man stellen muss, ist, dass sich alle einzelnen Etablissements auf der Karte darstellen lassen.

Im Preussischen Staate wird dies im Maassstab von $^1/_{80000}$ noch möglich sein.

Allgemeine Bemerkungen.

Da die Geschäfte der verschiedenen Abtheilungen nur Gliederungen ein und desselben Werkes sind, so wird die Direction der Landes-Vermessung es sich besonders angelegen sein lassen müssen, wenn die Einheit nicht verloren gehen soll. Specielle Instructionen und eine sachgemässe Abgrenzung der Geschäftsbereiche werden ihr dabei sehr zu Hülfe kommen. Es ist dies einer der wichtigsten Punkte bei einer Landesvermessung, der mit eben so grosser Sorgfalt und Einsicht behandelt werden muss, wie die wissenschaftlichen Theile. Wenn dies nicht geschieht, so treten mit jeder Personalveränderung auch Aenderungen in der Ausführung ein, und es entsteht zuletzt ein Gewirre, das im günstigsten Fall (wenn keine Fehler gemacht werden) doch einem Buche gleichen würde, welches mit allen nur möglichen Lettern gedruckt wäre.

Es ist daher unerlässlich, dass die einmal angenommenen Bestimmungen auch bis zur Vollendung des Werkes consequent durchgeführt werden. Diese einheitliche Durchführung der Bestimmungen könnte wesentlich erleichtert werden, wenn dieselben von den höchsten Staatsbehörden genehmigt und vollzogen, und die Direction der Landesvermessung für die Ausführung verantwortlich gemacht würde.

Obgleich ein specielleres Eingehen auf diesen Gegenstand hier nicht erwartet werden kann, so werden doch einige principielle Andeutungen darüber den allgemeinen Gesichtspunkt bestimmter hervortreten lassen.

Eine gute Landesaufnahme soll alle Anforderungen so viel als möglich und auf eine lange Reihe von Jahren befriedigen. Es wäre also zunächst festzustellen, welche Ansprüche von den einzelnen Behörden etwa gemacht und demnächst zu untersuchen, ob und wie denselben genügt werden kann.

Ein umfassendes Kartenwerk kann in den grossen Maassstäben Alles aufnehmen, was zu einem vollständigen Atlas administrativ et militaire gehört. Z. B. Ausser den gewöhnlichen Gegenständen der Topographie kann der Forstmann in den Wäldern die Holzarten zu erkennen wünschen; die Verwaltungsbehörden die Grenzen der Gemeinden, Kreise, Provinzen etc., die Classification des Bodens, künstliche Culturen etc.

Wird der Plan des Ganzen gleich in einer alle wünschenswerthen Gegenstände umfassenden Weise angelegt, so können alle diese Forderungen leicht und ohne grosse Kosten befriedigt werden, während dies später nicht blos schwierig, sondern zum Theil unmöglich wird.

Bei den vier ersten Abtheilungen wird hinsichtlich der Zeit die Anordnung zu treffen sein, dass jede der nachfolgenden um ein Jahr voraus ist, d. h. die zweite Abtheilung muss ein Jahr, die dritte zwei Jahr und die vierte drei Jahr später anfangen als die erste.

Herausgabe der Specialkarte im Maassstabe von $^1/_{80000}$.

In früheren Zeiten wurde zur Vervielfältigung der Karten lediglich der Kupferstich gebraucht; in der neueren Zeit ist noch die Lithographie hinzugekommen.

Die Lithographie hat den Vortheil, dass sie um mehr als die Hälfte wohlfeiler ist, dagegen aber auch den grossen Nachtheil, dass nur wenige oder keine Veränderungen nachgetragen werden können.

Eine lithographirte Karte ist daher nur auf eine beschränkte Zeit brauchbar und verliert um so schneller ihren Werth, je rascher die Cultur eines Landes fortschreitet und je grösser die vorgekommenen Veränderungen sind. Z. B.

In einer lithographirten Karte, die vor zwanzig Jahren angefertigt wurde, können alle Veränderungen von Wegen, Strassen u. s. w., die seit der Zeit vorgekommen sind, nur mangelhaft oder gar nicht auf den Steinplatten nachgetragen werden. Wollte man nun eine neue Lithographie veranstalten, so würde abermals nach zwanzig Jahren derselbe Fall eintreten. Das Resultat davon wäre, dass man nach sechzig Jahren mehr Unkosten gehabt haben würde, als zu Anfang der Kupferstich gekostet hätte, und dass man während dieser Zeit immer nur eine mangelhafte Karte, und am Ende derselben nur noch eine ganz unbrauchbare haben würde. [1]) Dieser einzige Umstand, abgesehen von noch anderen Nachtheilen, ist hinreichend, um die Lithographie zur Herausgabe einer guten Karte gänzlich zu verwerfen und wieder zu dem Kupferstich zurückzukehren. [2]) Auf einer Kupferplatte können von Zeit zu Zeit alle vorgekommenen Veränderungen, als Verlegungen von Strassen, Abholzungen von Wäldern etc., eben so gut wie Neubauten, ohne Schwierigkeit nachgetragen werden; es kömmt daher nur darauf an, diese Veränderungen festzustellen und verbessern zu lassen, um stets eine richtige Karte zu haben. Diese Verbesserungen sind bei der vorgeschlagenen Methode sehr einfach und leicht, weil sich in jeder Feldmark zahlreiche und sichere Grundlinien dazu vorfinden. Damit die Platten sich lange conserviren, so werden sie durch Galvanoplastik vervielfältigt, oder jedesmal nur wenige Abdrücke davon genommen, und diese durch Umdruck vermehrt und dem Buchhandel zum allgemeinen Vertriebe übergeben. Das letztere Verfahren kömmt schon seit längerer Zeit in Frankreich zur Anwendung.

Ist der Vorrath erschöpft, so werden neue Abdrücke von der Kupferplatte genommen und in derselben Weise vervielfältigt. Da eine Kupferplatte mehrere tausend Abdrücke aushält und jeder Abdruck wohl

---

[1]) Der Königliche Generalstab hat bereits die Rheinlande, Thüringen, Sachsen und die Marken zweimal lithographiren lassen, und demnach so viel dafür verausgabt als der Kupferstich gekostet hätte.

[2]) Die Karten von England, Frankreich, Oesterreich, Russland und den italienischen Staaten, Bayern, Sachsen u. s. w., sind sämmtlich in Kupfer gestochen.

fünfhundertmal vervielfältigt werden kann, so befriedigt eine in Kupfer gestochene Karte, wenn sie stets durch Nachtragungen richtig erhalten wird, das Bedürfniss auf viele Jahrhunderte, und ist an sich viel wohlfeiler als eine lithographirte, wenn auch die Anfertigung kostspieliger ist; denn von dem Zeitpunkt ab, wo die Karte fertig wurde, kann man dann auf Jahrhunderte hin, durch den Absatz, auf eine sichere Revenüe rechnen, die wenigstens einen Theil der Zinsen von dem Anlage-Capital eintragen wird.

Wenn hiernach die Lithographie für ein grosses Kartenwerk durchaus nicht geeignet erscheint, so ist sie deshalb doch nicht ganz zu verwerfen; sie wird immer mit Vortheil benutzt werden können, um besondere locale und momentane Bedürfnisse von Stadtplänen, Uebersichtskarten, Karten von einzelnen Gegenden etc. schnell und wohlfeil zu befriedigen: hier ist sie ganz an ihrem Platze, und mit ihrer Hülfe wird es nicht schwer sein, dem Staate den ganzen Kartenabsatz im Lande zuzuwenden und ihm eine Einnahme von dem grossen Anlage-Capital sicher zu stellen.

Kostenberechnung für die Aufnahme der östlichen Provinzen des Staates.

Der gesammte Flächeninhalt dieser Provinzen beträgt 4228 □Meilen.

I. Abtheilung.

Ein Trigonometer kann im Laufe eines Sommers etwa 17 □Meilen von den Hauptdreiecken herunter bis incl. der Dreiecke der dritten Ordnung so trianguliren, dass in jeder Feldmark wenigstens zwei Punkte nach Entfernung und Höhe bestimmt werden. Zwölf Trigonometer würden demnach 204 □Meilen jährlich in dieser Weise bearbeiten können; sie würden also zur Triangulation der 4228 □Meilen 21 Jahre gebrauchen.

Ein Trigonometer bedarf, bei einer Organisation, wie sie bei der trigonometrischen Abtheilung des Generalstabes stattfindet, durchschnittlich zur Bestreitung aller Ausgaben, als Reisekosten, Signalbauten, Diäten etc. jährlich 1000 Thlr. Zwölf Trigonometer werden also jährlich 12000 Thlr. bedürfen, und in 21 Jahren 252000 Thlr. Mit dieser Summe kann die Abtheilung ihr Geschäft vollständig beendigen, d. h. auf jeder Quadratmeile etwa 10 Punkte nach Höhe und Entfernung genau bestimmen und diese Punkte, wo es nöthig ist, durch Versteinung im Boden so fest legen, dass dieselben zu jeder Zeit wieder gefunden werden können.

II. Abtheilung.

Bei der Detail-Triangulation wird ein Trigonometer jährlich 4 □Meilen bearbeiten können. Zur Triangulation von 204 □Meilen sind daher 51 Trigonometer erforderlich. Da dieselben aber keine kostspieligen Signale bedürfen, so werden sie mit 900 Thlr. jeder auskommen. Dies beträgt jährlich 45900 Thlr. und in 21 Jahren 963900 Thlr.

Sobald die Arbeit von einem Jahre beendigt ist, können gleich alle vorhandenen Materialien, Separationskarten, Aufnahmen von Domänen und Forsten, Vermessungen der Rittergüter etc. nicht blos vollständig controlirt und orientirt, sondern auch in die Maassstäbe von $^1/_{25000}$ und $^1/_{80000}$ mit dem Pantographen reducirt werden.

III. Abtheilung.

Obgleich sich erst nach Vollendung der eben angeführten Arbeiten der zweiten Abtheilung bestimmt übersehen lässt, was für diese Abtheilung noch zu thun übrig bleibt, so wird man doch annäherungsweise annehmen können, dass die vorhandenen Materialien $^2/_3$ der Gesammtfläche einnehmen.

Dann bleiben für die dritte Abtheilung noch 1409 □Meilen zu bearbeiten übrig. Da hier nichts weiter nöthig ist als die Parcellen einzutragen, so möchten pro □Meile 600 Thlr. ausreichen. Dies beträgt im Ganzen 845400 Thlr.

IV. Abtheilung.

Bei der Aufnahme der Unebenheiten des Bodens und der Berge kann man rechnen, dass durchschnittlich ein Arbeiter jährlich 4 □Meilen fertig machen kann; soll daher das Geschäft in 21 Jahren beendigt sein, so müssen jährlich 51 Arbeiter angestellt werden. Bei einer Organisation, wie bei dem topographischen Büreau des Generalstabes, würden dazu jährlich 15300 Thlr., in 21 Jahren also 321300 Thlr. erforderlich sein. Da aber der Generalstab jährlich schon 30 Officiere beschäftigt, so würden dieselben nur um 21 vermehrt und der jetzige Etat etwa um $^2/_3$ erhöht zu werden brauchen.

V. Abtheilung.

Das Vermessungs-Büreau, wenn es richtig geleitet wird, kann sich durch den Absatz von Copien und die Herausgabe von Karten und

Plänen recht gut selbst erhalten und wohl noch einen Gewinn abwerfen; es würde daher nur zeitweise eines Vorschusses bedürfen.

VI. Der Kupferstich.

Die Karte im Maassstabe von $\frac{1}{80000}$ umfasst etwa 211 Blätter. Jedes Blatt in Kupfer zu stechen, wird durchschnittlich auf 800 Thlr. zu stehen kommen. Der ganze Stich wird demnach 168800 Thlr. kosten.

Recapitulation.

1. Abtheilung	. . . . .	252000 Thlr.
2. „	. . . . .	963900 „
3. „	. . . . .	845400 „
4. „	. . . . .	321300 „
Kupferstich	. . . . .	168800 „
	Summa	2551400 Thlr. in 21 Jahren.

Die jährlichen Ausgaben werden demnach 121500 Thlr. betragen. Der Königliche Generalstab verwendet aber gegenwärtig für diesen Zweck schon gegen 12000 Thlr., es würde daher ein jährlicher Zuschuss von 109500 Thlr. nothwendig sein, um eine gute Vermessung der östlichen Provinzen und die Herausgabe einer Karte in 21 Jahren fertig zu machen.

Dehnt man den Termin zur Vollendung der Karte auf die doppelte Zeit aus, also auf 42 Jahre, dann betragen die jährlichen Ausgaben 60750 Thlr. und der jährliche Zuschuss zu den 12000 Thlr. des Generalstabes 48750 Thlr.[1])

Eine solche Aufnahme wird aber nicht blos alle künftigen Vermessungen entbehrlich machen, und alle derartigen Arbeiten in Deutschland bei weitem übertreffen, sondern sie wird auch dem Preussischen

[1]) Bei dieser Kostenberechnung ist der Diätensatz der Officiere, welche zu der trigonometrischen und topographischen Abtheilung des Generalstabes commandirt sind, zum Grunde gelegt; diese Officiere beziehen aber neben freiem Quartier noch ihr Gehalt. Ferner ist angenommen worden, dass die durchgehenden Arbeiter überhaupt nur geringe Diäten erhalten und nicht nach dem Feldmesser-Reglement bezahlt werden, sondern durch die Anwartschaft auf den Eintritt in den Staatsdienst schadlos zu halten sind. Fallen alle diese Vortheile weg, so wird die veranschlagte Summe etwa verdoppelt werden müssen. Auf die sehr bedeutenden Mehrkosten, welche eine wirkliche Kataster-Vermessung, durch die Feststellung und Anerkennung des Besitzthums, durch Bonitirungen u. s. w. nach sich zieht, ist hier keine Rücksicht genommen worden.

Staate den auf diesem Gebiete verlorenen höchsten wissenschaftlichen Standpunkt wieder erobern; denn in Deutschland und fast in ganz Europa ist das Preussische Kartenwesen gegenwärtig am schlechtesten bestellt. Und dieses Kartenwerk wird durch die Benutzung der Fortschritte, welche Wissenschaft und Technik gemacht haben, nicht mehr kosten, als die viel unvollständigeren der Nachbarstaaten.

Soll die Vermessung, wie sie vorgeschlagen wurde, später zu einer Kataster-Vermessung benutzt werden, so ist nichts weiter nöthig, als die Feststellung des Besitzthums und die Bonitirungen des Bodens vornehmen zu lassen.

Wird die Ausgabe im Augenblick für unerschwinglich gehalten, so können in folgender Weise Ersparungen eintreten: Wenn die erste Abtheilung ihre Arbeiten beendigt hat, so können alle vorhandenen Materialien der Detail-Vermessungen orientirt und unter der Voraussetzung, dass sie richtig sind, auch reducirt werden. Will man sich hiermit begnügen, und innerhalb derselben vorläufig die Controlen und Abnivellirungen aussetzen, so würden nach den obigen Annahmen in der zweiten Abtheilung zwei Drittheile der Arbeit, also auch der Kosten wegfallen, woraus eine Ersparniss von im Ganzen 642600 Thlr. oder jährlich von 30600 Thlr. hervorgeht. Hierdurch würde der jährliche Zuschuss auf 78900 Thlr. reducirt.

Diese Ersparniss auf 42 Jahre vertheilt, beträgt jährlich 15300 Thlr. und diese abgezogen von 48750 Thlr. bleiben 33450 Thlr. jährlicher Zuschuss, wenn die doppelte Zeit auf die Karte verwendet wird.

Dieser Weg ist zwar an sich nicht so vortheilhaft, als wenn die Arbeit gleichmässig durchgeführt werden kann, allein er würde vielleicht um deswillen vorzuziehen sein, weil später, wenn erst die Vortheile einer guten und vollständigen Aufnahme besser erkannt worden sind, der Kostenpunkt viel leichter zu erledigen sein wird, indem der allgemeine Wunsch, das Ganze in gleicher Vollkommenheit durchgeführt zu sehen, alsdann nicht ausbleiben kann.

Eine bedeutende Ermässigung der Ausgaben könnte noch stattfinden, wenn die Kreise und Communen hülfreicher als bisher hinzutreten, in dem Vermessungs-Bereich die Transportkosten von Personen und Instrumenten übernehmen und die erforderlichen Arbeiter, Wächter, Boten, Instrumententräger etc. unentgeltlich stellen.

Bei der obigen Veranschlagung der Kosten sind nicht inbegriffen:

1. Die Kosten der Vermessungsschule.
2. „ „ der Beschaffung der Locale.
3. „ „ der Direction.

Nr. 1. wird sich durch einen schnelleren Fortgang der Arbeit bezahlt machen; für Nr. 2 wird vielleicht in öffentlichen Gebäuden ein Unterkommen zu finden sein, und Nr. 3 dürfte von der Gesammtsumme getragen werden können.

England ist bis jetzt der einzige Staat, welcher den Vortheil, alle Privat- und Staatsbedürfnisse durch eine vollkommene Aufnahme zu befriedigen, richtig erkannt und unter der Leitung des Generals Colby in der Aufnahme von Irland ausgeführt hat; nachdem Frankreich mit einem weniger vollkommenen Versuche vorangegangen war.

Es wäre gewiss sehr wünschenswerth, dass Preussen nicht dagegen zurück bliebe, und dass nach so vielen Versuchen und Erfahrungen endlich der allein richtige Grundsatz anerkannt werden möchte, dass nur eine vollkommene Aufnahme das Bedürfniss befriedigen und die wohlfeilste Karte liefern kann.

An Se. Majestät den König

über des General-Major Baeyer „Entwurf zur Anfertigung einer guten Karte von den östlichen Provinzen des Preussischen Staates nach dem heutigen Standpunkte der Wissenschaft und Technik“ erstattetes Gutachten von Alexander von Humboldt.

Ew. Königliche Majestät

haben geruht, mir allergnädigst zu befehlen, über den „Entwurf des General Baeyer zur Anfertigung einer, nach dem heutigen Standpunkte der Wissenschaft und Technik entworfenen Karte der östlichen Provinzen des Preussischen Staates“ gutachtlich zu berichten.

Die eingereichte vortreffliche Arbeit enthält die Elemente, welche für alle Zeiten beachtet werden müssen, in denen das Gefühl der Nothwendigkeit der Erfüllung eines solchen Bedürfnisses in der Staatsregierung aufsteigen wird. — General Baeyer, mit dessen Kenntnissen und glücklichen Bestrebungen als Mathematiker, Astronom und Geodät, ich seit mehr als dreissig Jahren durch die von dem Institute zu Paris so belobten hydraulischen Abhandlungen, durch den Antheil an den astronomischen Bestimmungen in Bessel's ostpreussischer Gradmessung, durch die weit fortgeführte Triangulation und Messung einer Basis am Rhein von seltenster Uebereinstimmung, bekannt bin, verbindet in einem hohen Grade die Allgemeinheit der Ansicht und den praktischen Blick, der überall aus dem langen Verkehr mit der Wirklichkeit entspringt. — Mangel einheitlicher Leitung, ein voreiliges Beginnen mit schlechten Katastrirungen ohne vorhergehende Messung von Hauptdreiecken und allmälichen Uebergang in Dreiecke der zweiten und dritten Ordnung, haben zu einem ungeheuren Kostenaufwand geführt, ohne Materialien darzubieten, welche bei einer gründlichen Landesvermessung des Staates verlangt werden, und wie sie Frankreich und, in noch höherem Grade der Vollkommenheit, die englische Regierung in Irland jetzt ausführen lassen. Es ist deshalb mit vielem Rechte gesagt worden: „der praktische Sinn der Engländer habe die Regierung schon längst erkennen lassen, dass eine ungenügende Aufnahme der Kosten nicht werth ist, die daran gesetzt werden, und dass die vollkommenste Karte zugleich auch die wohlfeilere ist." — Der wachsende Zustand der Bodencultur, die Bedürfnisse der Industrie und des Verkehrs machen die Nothwendigkeit immer fühlbarer, eine vollständige Karte zu besitzen, in der die Coordinate der Höhe nicht (wie bei dem Kataster) vernachlässigt ist. Man muss sich überzeugen, dass die Zeiten längst vorüber sind, in denen Länder-Aufnahmen nur zur Regulirung der Grundsteuern, nicht zur Erforschung der Hülfsquellen des Landes angeordnet wurden.

In dem Aufsatze des General Baeyer ist trefflich entwickelt worden, wie die Arbeit nicht als eine handwerksmässige, mechanische, sondern als eine wissenschaftlich begründete betrachtet werden muss, wie die Landes-Vermessung gut, d. h. nach allgemeinen Ansichten organisirt, den intellectuellen Vortheil gewährt, junge theoretisch vorgebildete Männer für alle darauf bezüglichen Zweige des Staatsdienstes, des Bau- und Schulwesens, der erhöhten Bodencultur und der Industrie praktisch vollkommen auszubilden. Hier ist der wichtige Punkt, wo die Arbeit in ihren höhern Theilen mit Recht von Militär-Personen allein ausgeführt, einen wohlthätigen Reflex auf das militärische Erziehungs-Wesen und die längst erwünschte Verbesserung der Divisions-Schulen ausüben sollte. Die Erlernung mathematischer Wissenschaften in Einklang zu bringen mit ihrer Anwendung, allgemeinere Einübung im Gebrauch vollkommnerer Winkelmessungs-Instrumente (über die alterthümlichen, nur zur Construction horizontaler Figuren in Parcellen-Vermessungen einzelner Feldabtheilungen nützlichen Messtische hinaus) war der edle Vorsatz des hingeschiedenen geistreichen Chefs des gemeinsamen Militär-Bildungs-Wesens, des General-Lieutenants von Radowitz. Organismus der Schulen in ihren verschiedenen Abstufungen und Möglichkeit dauernder Beschäftigung einer kleinen Zahl derselben Officiere bei der Landes-Vermessung für 6—8 Jahre sind die pia desideria der Zeit! Der umfangreiche Geschäftsbetrieb nach drei Abtheilungen (von denen die erste die Messung von Grundlinien, die astronomischen Ortsbestimmungen zur genauen Orientirung der Karte, Messung der Haupt-Dreiecke und Haupt-Nivellements-Linien, wie Messung der Dreiecke zweiter und dritter Ordnung; die zweite die Detail-Triangulation der einzelnen Feldmarken und die Special-Nivellements der Wasserläufe; die dritte die Parcellen-Vermessung durch die gewöhnlichen mit Kette und Boussole bewaffneten Geometer umfasst) und die Veranschlagung der Kosten, auf 21 oder 42 Jahre berechnet, zwei Perioden, in denen der Königliche Generalstab, der herkömmlich jetzt 12000 Thlr. jährlich auf Vermessungen verwendet, eines Zuschusses von 109000 oder nur 48000 Thlr. jährlich bedürfte, sind in dem Aufsatze so bündig und mit so viel Klarheit dargestellt, dass ich es für unnütz halte, sie hier zu wiederholen. Ich erlaube mir nur die Bemerkung, dass in den hier bezeichneten Kosten der zur Veröffentlichung nach dem Beispiel so vieler Nachbarstaaten nothwendige Kupferstich der Landes-Vermessung der östlichen Provinzen mit 169000 Thlr. schon inbegriffen ist. Es werden nach dem Maassstabe von $^1/_{80000}$ an 211 Blätter, von ebenso vielen Kupferplatten abgezogen, entstehen.

Die auch bei uns so rühmlichst vervollkommnete Lithographie ist bei einem so grossen, auf den dauernden Nutzen berechneten Unternehmen keineswegs für das Ganze vorzuziehen; denn bei dem täuschenden Vortheil, dass sie um mehr als die Hälfte wohlfeiler ist, gewährt sie den unausbleiblichen Nachtheil, dass die bei zunehmender Cultur entstehenden Veränderungen der Wege, Strassen und kleinen Wasserläufe nicht nachgetragen werden können. Da man zu einer neuen Lithographirung schreiten müsste, so würde man, wie in dem Aufsatze erwiesen und in England längst erkannt worden ist, nicht blos nach 60 Jahren mehr Unkosten haben, als gleich Anfangs der Kupferstich erforderte, sondern man würde auch, während dieser ganzen Zeit, eine mangelhafte und ganz unbrauchbare Karte besitzen. Für einzelne locale Bedürfnisse, Stadt-Pläne, Uebersichts-Karten, Pläne von einzelnen Gegenden wird die Lithographie immer durch Schnelligkeit und Wohlfeilheit fortfahren, vortreffliche Dienste zu leisten.

Der endlich einmal zu fassende Entschluss, die Mittel zu gewähren, eine systematisch vorbereitete „Karte der östlichen Provinzen" darzustellen, kann bei der allgemeinen Regsamkeit, die uns umgiebt und wohlthätig von der Regierung selbst veranlasst wird, keineswegs als eine Befriedigung von einem wissenschaftlichen Luxus betrachtet werden. „Eine solche Aufnahme," setzt der General Baeyer am Schluss seines Aufsatzes hinzu, „wird nicht blos alle künftigen Vermessungen entbehrlich machen und alle derartigen Arbeiten bei weitem übertreffen, sondern sie wird auch dem Preussischen Staate, den auf diesem Gebiete leider! verlorenen höchsten wissenschaftlichen Standpunkt wieder erobern." — Wird die Ausgabe im Augenblick für unerschwinglich gehalten, so können vielfache Ersparungen noch eintreten, die allmälich dem Ziele näher führen.

Das Wort „Erschwinglichkeit" ist von sehr relativem Sinne im Staatshaushalte. — In dem Betriebe, der so glänzend zugenommen hat, seitdem die Wissenschaft, d. h. bessere Kenntniss der Naturkräfte, in denselben eingedrungen und zu dem ich (als blos praktischer Bergmann) viele Jahre gehört, ist man seit drei Jahrhunderten nie von grossen Unternehmungen zurückgeschreckt, weil man wusste, durch Ausdauer die Wirkung der Anstrengung zu vermehren. Arme Grubenbesitzer haben im sächsischen Erzgebirge einen Stollen vollendet, der mit allen seinen Stollenflügeln an Länge den Canal von Calais nach Dower mehrmals übertrifft.

Ich wünsche der glorreichen und wohlthätigen Regierung Ew. Majestät auch den Ruhm, dass recht bald Anstalt getroffen werden könne, den so tief durchdachten und in allen seinen Theilen organisch zusammenhängenden Entwurf des General Baeyer der Ausführung näher zu bringen und die Grundlage einer Allerhöchsten officiellen Billigung zu gewähren. — Der Mann, dessen Namen in der Wissenschaft hoch steht, ist durch Dienstleistungen ausgezeichnet, die mit der Vervollkommnung der so wichtigen Militär-Bildungsanstalten in innigem

Zusammenhange stehen. — Was bis jetzt unter der vortrefflichen sorgsamen Leitung des Chefs des Generalstabes der Armee, General-Lieutenant von Reyher, mit geringen ungenügenden Mitteln, in partiellen Aufnahmen anstrengend geleistet worden ist, wird mit dem, was das grosse Unternehmen als ein systematisches Ganze bezweckt, harmonisch zusammentreten.

In tiefster Ehrerbietung

Ew. Königliche Majestät

allergetreuester

(gez.) *Alexander von Humboldt.*

In Folge der Allerhöchsten Cabinetsordre vom 9. Februar 1854 liess das Königl. Kriegsministerium den vorstehenden Entwurf bei den verschiedenen Ministerien circuliren, mit der Aufforderung, sich gutachtlich darüber zu äussern und liess seinerseits ebenfalls ein von einem meiner Gegner abgefasstes Gutachten abgeben.

Alle diese Gutachten nahmen die alten Methoden zum Maassstabe und wurden mir von dem Chef des Generalstabes der Armee mitgetheilt. Sie waren sämmtlich ablehnend ausgefallen. Die Einen behaupteten, ich könne nicht leisten was ich versprochen; die Anderen: meine Vorschläge seien unpraktisch und würden ungeheure Summen kosten; wieder Andere: es sei kein Bedürfniss vorhanden genauere Messungen auszuführen u. s. w. u. s. w.

Ich suchte dagegen geltend zu machen, dass mein Entwurf ein Fortschritt in der Wissenschaft sei, der nicht nach den alten Methoden beurtheilt werden dürfe, weil er dieselben bekämpfe, und dass er am besten durch einen Versuch zu prüfen sei, bei dem mir Gelegenheit gegeben würde mich mit meinen Gegnern zu messen. Meine Methode werde übrigens seit mehreren Jahren in Schwarzburg-Sondershausen ausgeführt und liefere dort vortreffliche Resultate, so dass der Ausfall einer Concurrenz für mich gar nicht zweifelhaft sei. Dieser Vorschlag fand aber kein Gehör. Ich hoffte indessen, dass es endlich doch zu einem Versuche kommen müsse, weil ich es damals nicht für möglich hielt, dass ein sich bereits bewährter Fortschritt in der Wissenschaft, der auf Befehl Sr. Majestät des Königs dem Königl. Staatsministerium vorgelegt worden war, ohne gründliche Prüfung zurückgewiesen werden könne.

Und doch kam es schliesslich so. Denn als ich im Jahr 1857 nicht blos von meinen wissenschaftlichen Functionen, sondern auch von der privaten Lehrthätigkeit in der höheren Geodäsie an der Kriegsakademie unerwartet entbunden worden war, hatten meine wissenschaftlichen Bestrebungen in der Armee ihr Ende erreicht, und als ich im darauf folgenden Jahre zur Disposition gestellt wurde, war auch jedes äussere Band gelöst. Ich war völlig isolirt und stand allein meinen zahlreichen Gegnern gegenüber. Diese bestanden aus drei verschiedenen Gruppen:

1. Aus den Anhängern des Messtisches und der Kippregel im Königl. Generalstabe und Kriegsministerium.
2. Aus den Anhängern der Messkette und Boussole bei den übrigen Ministerien.
3. Aus allen Denen, die eine Steuerregulirung fürchteten.

Vergebens suchte ich die Letzteren zu überzeugen, dass eine gute Grundaufnahme mit einer Steuerregulirung direct gar nichts zu schaffen habe, und dass jeder Finanzminister, wenn er einmal ein Gesetz zur Steuerregulirung in Händen habe, nicht warten werde bis eine richtige Grundaufnahme fertig sei. Es würden dann diese Arbeiten über das Knie gebrochen nnd Millionen weggeworfen, ohne dass man auch nur von einer einzigen Gemeinde eine untadelhafte Karte erzielte. Acht Jahre später ist diese Vorhersagung eingetroffen.

Meine Gegner waren so mächtig, dass schon Anfangs 1856 der Entwurf abgelehnt worden wäre, wenn nicht der Minister des Innern Herr von Westphalen dagegen gestimmt und eine Commission zur genaueren Prüfung vorgeschlagen hätte.

Dieser Vorschlag wurde angenommen und unter dem Vorsitz eines Abtheilungs-Chefs im Allgemeinen Kriegs-Departement, eine staatsministerielle Commission ernannt. Der Vorsitzende derselben wurde angewiesen sich mit mir über diese wichtige Angelegenheit in Verbindung zu erhalten und sich von mir alle erforderlichen Erläuterungen zu erbitten; er ist aber dieser Instruction nicht nachgekommen und hat mich nur einmal am 31. Januar 1857 zu einer Sitzung eingeladen, wo von mir nur Auskunft verlangt wurde, welche trigonometrische

Punkte in Preussen als sicher bestimmt angesehen werden könnten. Von da ab ist mir keinerlei directe Mittheilung mehr von der Commission zugegangen. Ich erfuhr nur indirect von Mitgliedern der Commission, dass der Vorsitzende die Anträge: dass mir die obere Leitung der Ausführung übertragen werden solle, und dass ich zu den Verhandlungen zugezogen werden möge, stets zurückgewiesen, und dass er zur Herabsetzung meiner trigonometrischen Methode, durch einen Officier der trigonometrischen Abtheilung des Generalstabes (jetzigen Landestriangulation) habe einen Vortrag darüber halten lassen, dass man mit Messtisch und Kippregel ein Messtischblatt richtig aufnehmen könne, wenn nur ein Punkt und eine Richtung gegeben sei. — Ein Verfahren, welches jeden Sachkenner in Erstaunen setzen muss. —

Die persönlichen Kränkungen und Zurücksetzungen, die ich seitdem erfahren habe, will ich übergehen, so wie auch die Erfolge, die meine wissenschaftlicheu Bestrebungen im Auslande gehabt haben und noch haben, sie sind bekannt uud sie haben mich, so weit das möglich ist, über das heimische Leid trösten müssen.

Ich könnte nun direct zu dem Bericht übergehen, den die erwähnte Commission an das Königl. Staatsministerium über meinen Entwurf abgestattet hat; allein ich halte es für die Beurtheilung erspriesslicher, vorher hier einzuschalten, welche Resultate, durch die Ausführung meines Entwurfes in der Hand des Fürstlich Schwarzburgischen Ministeriums in Sondershausen erzielt wurden und welche Urtheile fremde Geodäten darüber geäussert haben.

Auszüge

aus den Jahresberichten des Dirigenten der Schwarzburgischen Landesvermessung Herrn Oberforstmeisters Michael.

1. Aus dem Jahresbericht pro 1855.

„Fürstliches Ministerium möge mir noch gestatten, hier ganz gehorsamst hervorheben zu dürfen, dass das vom Herrn General Baeyer vorgeschlagene, bei unserer Landesvermessung in Anwendung kommende Verfahren, bei angemessener Handhabung ausgezeichnete Resultate liefert. Es wird dabei eine Karte und es werden Flächenresultate von einer Genauigkeit erlangt, welche man nur dann für möglich halten kann, wenn man sich einer gründlichen Revision derselben unterzieht. Ungeachtet dieser Resultate, welche den Ansprüchen aller Zeiten genügen müssen, betragen die Vermessungskosten eben nicht mehr als für eine graphische Messung, welche bei der besten Ausführung Differenzen zulässt, die mit dem gegenwärtigen Werthe der Grundstücke im auffälligen Widerspruch stehen."

2. Aus dem Jahresbericht pro 1856.

„Die hohe Behörde wird sich demnächst, wenn die Liquidationen von Rockhausen und Wülfershausen eingehen, davon überzeugen, dass bei unserer Landesvermessung die Kosten etwa nur die Hälfte von dem betragen, was von der Königl. Preussischen Separations-Behörde dafür bewilligt wird."

3. Auszug aus einem Schreiben des Herrn Ober-Forstmeisters Michael an mich d. d. Sondershausen den 25. April 1856.

Nachdem derselbe die Resultate mehrerer Revisionen und namentlich der Höhenmessungen aufgezählt, fährt er fort:

„Ew. ... verhehle ich es nicht, dass mich diese Resultate freudig überrascht haben und mir Bürgschaft dafür gewesen sind, dass die Universalinstrumente in der That Unglaubliches leisten, dass aber auch der Trigonometer Jahn seine volle Schuldigkeit gethan hat. Ich bin indessen weit davon entfernt, mein Urtheil als ein competentes hinstellen zu wollen, weil ich bezüglich der eigenen Routine der alten Schule angehöre, die sich natürlich solcher Erfolge nicht rühmen kann.

Der Fortgang der Landesvermessung wird von Tag zu Tag erfreulicher, und ich hoffe, es wird uns gelingen, eine bis dahin wohl schwerlich erreichte, gewiss aber noch niemals übertroffene Genauigkeit, bis zu den kleinsten Details, zu erhalten. Unsere Karten und Berechnungen haben zunächst die Feuerprobe bei der vielfach in Angriff genommenen Separation zu bestehen.

Die Königl. Preussischen Behörden, welche die letztere auszuführen haben, waren von Anfang gegen unser Verfahren und wäre es ihren Wünschen nach gegangen, so würde wohl unsere Landesvermessung bei Seite geschoben sein. Jetzt scheint man jedoch schon eine ganz andere Ansicht gewonnen zu haben, weil sich die Karten von den Fluren, wo die Bonitirungen bereits ausgeführt sind, als ausserordentlich genau erwiesen haben. Ich hoffe, die Zeit ist nicht mehr fern, wo die Königl. General-Commission in Merseburg, welcher die Leitung der hutfreien Zusammenlegung der Grundstücke im Fürstenthum obliegt, durch die trefflichen Resultate, welche unsere Flurkarten und Flurbücher liefern, darauf hingewiesen werden wird, das ihr durch Gewohnheit lieb gewordene alte, mangelhafte, weder dem jetzigen Stande der Wissenschaft noch dem Werthe der Grundstücke entsprechende Verfahren bei Seite zu legen, um an dessen Stelle das von Ihnen so überaus vervollkommnete anzunehmen."

4. Aus dem Jahresbericht pro 1857.

„Ich habe mich in Betreff der Kostenberechnung in dem vorjährigen Berichte in sofern geirrt, als die von den Geometern der Königl. Preussischen General-Commission ausgeführten Specialmessungen nicht doppelt, sondern dreifach so hoch zu stehen gekommen sind, als die Arbeiten von unseren Geometern."

5. Aus dem Jahresbericht pro 1858.

Die Königl. Preussischen Separations-Behörden haben noch keinen Fehler in den diesseitigen Karten und Flächenberechnungen nachweisen können.

Ein fernerer Beweis der grossen Genauigkeit unserer Karten muss darin gefunden werden, dass die von Preussischen Geometern angefertigten Karten von der Hoheitsgrenze des südlichen Theiles der Unterherrschaft, auf einer Strecke von 10,000 Ruthen (5 Meilen) zurückgezogen werden mussten, weil sich dieselben bei dem Vergleich mit den diesseitigen Flurkarten als wesentlich abweichend erwiesen, und die örtliche Revision die letzteren ohne Ausnahme als richtig bestätigte. Die Grenzen wurden hiernach in unserem Büreau der Landesvermessung auf die Grenzkarten aufgetragen unter Anerkennung der Richtigkeit von Seiten der beiderseitigen Commissarien und der betreffenden Preussischen Geometer.

6. Aus dem Jahresbericht pro 1859.

Auch in diesem Jahre hat unsere Landesvermessung bei der Separationsausführung die schwere Prüfung wieder glänzend bestanden und sich überall vollkommen richtig erwiesen.

7. Aus dem Jahresbericht pro 1860.

Bei der rasch fortschreitenden Separation und der dabei in alle Details der Karte eingreifenden Revision hat dieselbe ihren Ruhm behauptet, indem keine unzulässige Differenz aufgefunden worden ist.

Im Winter von 1859/60 waren der Kaiserl. Russische Oberst von Meyen, Lehrer der höheren Geodäsie an der Vermessungsschule in Moskau, und der Königl. Spanische Oberst Ibañez, Mitglied der Commission für die Karte von Spanien, nach Berlin gekommen, um sich über die praktische Ausführung meines Entwurfes näher zu informiren, den sie im 2ten Bande des Archivs für Landeskunde der Preussischen Monarchie gelesen hatten.

Sie waren nicht wenig erstaunt als ich ihnen sagte, in Preussen sei die Ausführung meines Entwurfes von den Anhängern an den alten Methoden bis jetzt hartnäckig verhindert worden; allein in Schwarzburg-Sondershausen werde sie bei der dortigen Landesvermessung schon seit 1852 mit grossem Vortheil angewendet.

Nachdem ich ihnen die Jahresberichte, die mir das Fürstl. Ministerium alljährlich in Abschrift mittheilt, vorgelegt hatte, bat der Oberst Ibañez, ihm eine Empfehlung an den Fürstl. Vermessungs-Dirigenten mitzugeben, und der Oberst von Meyen ersuchte mich, ihm zum Frühjahr die Erlaubniss zu verschaffen, dass er auf 4 oder 6 Wochen die praktischen Arbeiten mitmachen könne. Hierauf bezieht sich der nachstehende Auszug aus dem Schreiben des Herrn Ober-Forstmeisters Michael, d. d. Sondershausen den 26. Februar 1860.

Der Oberst Ibañez traf am Sonnabend hier ein und wir haben Sonntag und Montag zusammen gearbeitet. Ihr Urtheil, dass derselbe ein sehr kenntnissreicher, theoretisch und praktisch wohl bewanderter Mann ist, habe ich vollkommen bestätigt gefunden. Einem solchen Manne einen Geschäftsaufschluss zu geben und einen tiefen Einblick in die Resultate zu gewähren, ist für den für die gute Sache Begeisterten eine grosse Genugthuung. Herr Ibañez schien es kaum für möglich gehalten zu haben, dass die Praxis das zu leisten im Stande sei, was derselbe hier bei uns fand. Er schied unter der Versicherung aus dem Büreau, dass unsere Einrichtung wie die erlangten Resultate das Vollkommenste sei, was er bis jetzt in dieser Beziehung gesehen habe.

Dieselbe Aeusserung hat er auch unserem Staatsminister wiederholt.

Ihnen, hochverehrtester Herr General, war der Oberst sehr dankbar dafür, ihn hierher dirigirt zu haben.

Mit der Triangulation sind wir nur noch im Bezirk Gehren im

Thüringer Walde beschäftigt. Wenn daher der Russische Oberst Herr von Meyen sich praktisch mit betheiligen will, so würde ich ihn bitten müssen, sich dorthin zu verfügen. Das Terrain ist hier äusserst instructiv und ich werde die Anordnung so treffen, dass er möglichst befriedigt werden soll.

Hochverehrtester Herr General, der vollständigsten Ueberzeugung bin ich, dass jeder gebildete, vorurtheilsfreie Sachverständige zu dem Resultate kommen muss, dass unser Verfahren allen Ansprüchen genügt und bei angemessener strenger Anwendung solche Resultate liefert, durch welche die zu machenden Anforderungen, so hoch sich solche auch steigern mögen, ausreichende Befriedigung erhalten.

Die Königl. Preussischen bei uns mit dem Auseinandersetzungs-Verfahren betrauten Behörden suchen noch immer vergebens darnach, unseren Karten und Berechnungen eine schwache Seite abzugewinnen. Wenn das bei unserem schwierigen Terrain und so sehr zerstückeltem Grundbesitze nicht gelingt, so dürfte darin auch für die Praxis der sicherste Beweis geliefert sein, dass das von Ihnen begründete Verfahren unübertrefflich ist und bleiben wird, zumal da die Kosten geringer als bei dem alten mangelhaften Verfahren sind. Ich kann nicht läugnen, dass es mich nicht wenig überrascht, dass man in dem sonst so intelligenten Preussen Widerstreben findet.

gez. F. Michael.

8. Auszug aus dem Schreiben des Herrn Obersten von Meyen, nachdem er 4 Wochen in Sondershausen gewesen und dann nach der Oberherrschaft gegangen war.

Gehren den 12. Mai 1860.

„Ungeachtet der schlechten und kalten Witterung, die während des ganzen Aprilmonats herrschte, war der Herr Oberforstmeister doch so gütig, in meinem Beisein verschiedene trigonometrische und geometrische Vermessungen in der Umgebung von Sondershausen auszuführen, um dann solche im Büreau auf die Karten auftragen und berechnen zu lassen. Auch begleitete ich ihn einigemal bei Vermessungsrevisionen in entferntere Fluren, und da von ihm die Auswahl der Revisionslinien mir anheimgestellt war, so benutzte ich freudig diese gütige Erlaubniss, da es mich besonders interessirte, zu sehen, mit welcher Genauigkeit diese Linien mit der Aufnahme selbst übereinstimmen. Es versteht sich von selbst, dass ich wo möglich die Revisionslinien im schwierigen Terrain zur Aufnahme wählte. Jetzt, da ich mich in den Details aller Arbeiten, wie im Freien so auch im Büreau, unterrichtet habe, kann ich meine Ansicht mit Ueberzeugung aussprechen.

Ich habe das hiesige Vermessungsverfahren so praktisch, so vollständig allen Zwecken, die überhaupt von dieser Arbeit gefordert werden können, genügend gefunden, dass meiner Meinung nach nichts Vollkommeneres gewünscht werden kann, indem die erzielte Genauigkeit der Aufnahme auch allen folgenden Zeiten genügen muss, der Werth der Grundstücke mag noch so hoch steigen. Obgleich ich in Berlin die vollkommene Richtigkeit der von Ew. Excellenz aufgestellten Theorie einsah, so hegte ich doch einige Zweifel, ob sich das Alles auch so leicht und schnell ausführen lasse, und Sie werden mir wohl gütigst diesen Zweifel verzeihen, da bei solchen Arbeiten die Theorie nicht immer mit der Praxis übereinstimmt, was ich bei den vielen von mir in Russland ausgeführten Vermessungen Gelegenheit hatte, einzusehen. Nun ich aber die Sache persönlich in Augenschein genommen, muss ich aufrichtig sagen, dass selbst meine grössten Erwartungen übertroffen wurden. Trigonometrische und geometrische Vermessungen, noch einmal im Freien und in meinem Beisein ausgeführt, berechnet und auf Karten aufgetragen, zeigten eine bewundernswürdige Uebereinstimmung mit den schon früher ausgeführten Messungen. Selbst die zulässigen Fehler, welche durch die Instruction festgesetzt sind, finden sich fast nie in ihrer ganzen Grösse vor, und gehen selten über die Hälfte der letzteren.

Ich benutze diese Gelegenheit, Ew. Excellenz meinen aufrichtigsten Dank für Ihren mir ertheilten Rath, die hiesigen Arbeiten in Augenschein zu nehmen, darzubringen. Die Zeit von 4 Wochen, die ich in Sondershausen verbrachte, werde ich immer betrachten als solche, welche für meinen mir von dem Minister ertheilten Auftrag in jeder Beziehung von ganz besonderem Nutzen war.“

gez. Theodor v. Meyen.

Das sind die Urtheile bewährter Geodäten über die Resultate, welche durch die Ausführung meines Entwurfes in Schwarzburg-Sondershausen bis zum Jahre 1860 erzielt worden waren.

Zwei Jahre später stattete die Preussische staatsministerielle Commission über denselben Entwurf das nachstehende Gutachten an das Königl. Staatsministerium ab:

Motivirtes Gutachten

der vom Königlichen Staats-Ministerium in Folge der Allerhöchsten Cabinets-Ordre vom 9. Februar 1854 unterm 4. Juni 1856 niedergesetzten Commission zur Berathung der Generallieutenant Baeyer-schen Denkschrift über die Anfertigung einer guten Karte von den sechs östlichen Provinzen des Preussischen Staats nach dem gegenwärtigen Standpunkte der Wissenschaft. d. d. Berlin, den 2. December 1851.

1. Die Commission beantwortet die vom Generallieutenant Baeyer in seiner Denkschrift über die Herstellung einer guten etc. Karte vom Preussischen Staat aufgestellte Frage:

> Ob eine Aufnahme so ausgeführt werden kann, dass sie allen Ansprüchen zu genügen vermag, welche gegenwärtig und künftig an sie gemacht werden?

und:

> Ob die Vortheile, welche eine solche Arbeit verspricht, so erheblich sind, dass die darauf zu verwendenden Kosten für gerechtfertigt erscheinen?

dahin:

dass sich eine solche Aufnahme theoretisch wohl derart ausführen lässt, dass von einer grossen Menge von Punkten, deren Lage im Raum genau ermittelt und fixirt werden kann; dass aber eine chartographische Darstellung derselben, ohne grenzenlose Ueberfüllung der Karte nnd dadurch entstehende gänzliche Unbrauchbarkeit[1]) derselben nicht möglich ist; dass mit solchen generellen Aufnahmen keineswegs auch alle ferneren speciellen Aufnahmen überflüssig gemacht werden, und endlich, dass die Kosten einer solchen generellen Aufnahme nicht im Verhältniss zu dem Nutzen stehen, den sie nur haben wird und haben kann.

---

[1]) Bei der praktischen Ausführung meines Entwurfes in Schwarzburg-Sondershausen ist von den hier supponirten Uebelständen durchaus nichts wahrgenommen worden.

2. Die Commission hält die Herstellung einer Karte, welche alle späteren Vermessungen entbehrlich macht, auch wenn das wirklich möglich wäre, für kein absolutes Bedürfniss.

3. Die Commission ist dagegen der Ansicht, dass die Herstellung und Festlegung eines den Anforderungen der Wissenschaft und den Verwaltungsbedürfnissen entsprechenden trigonometrischen Netzes, als Grundlage für alle Special-Vermessungen, vor allen Dingen in hohem Grade wünschenswerth ist und dass sich aus diesem Netze, dem bereits vorhandenen und noch zu sammelnden Karten-Material, so wie aus späteren Aufnahmen allmälig auch eine Karte vom Preussischen Staate im Maassstabe von 1—5000, so wie in jedem kleineren Maassstabe herstellen lassen werde.

4. Nachdem der Central-Direction für Regelung der Grundsteuer, Behufs der Ermittelung des Reinertrages der Liegenschaften bereits die Aufgabe geworden, den Flächeninhalt der gesammten östlichen Provinzen (nach Gemeinden und selbständigen Gutsbezirken mit den darin vorkommenden Culturarten an Aeckern, Gärten, Wiesen, Weiden, Holzungen, Wasserstücken, Oed- und Urland) auf Grund vorhandener Vermessungen und, wo solche fehlen, durch neue Aufnahmen festzustellen, und zur Erreichung des Zwecks das gesammte vorhandene Karten- und Vermessungs-Material anzusammeln, sorgfältig zu prüfen, event. zu berichtigen und zu vervollständigen, mit der Gegenwart in Uebereinstimmung zu bringen, kreisweise zusammenzutragen und in einer Kreis-Uebersichts-Karte vollständig darzustellen, so wird nur noch darüber Bestimmung zu treffen sein, wie später und nach Abschluss des Grundsteuer-Veranlagungs-Werks das angesammelte Karten-Material für den Zweck der Herstellung einer Landeskarte zu behandeln sein dürfte.

Die Entscheidung über diese Frage nebst Allem, was damit in Verbindung steht — conf. sub 5. — kann nach dem Erachten der Commission aber ohne jeglichen Nachtheil bis nach Vollendung der Grundsteuer-Veranlagung — bis zum Anfange des Jahres 1865 — aufgeschoben bleiben und möchte sich um so mehr empfehlen, als erst dann der Werth des gesammelten Karten-Materials, insbesondere zu übersehen sein wird, wie damit zur Erreichung des hier in Rede stehenden Zwecks am besten zu verfahren sein möchte.

5. Die Commission glaubt aber sich schon jetzt dahin aussprechen zu sollen, dass sodann zur allmäligen Herstellung der grossen Karte selbst, eine Centralbehörde zu schaffen sei, welche alle darauf hinzielenden Arbeiten einzuleiten und zu übernehmen haben würde und in welcher eine Vertretung finden müssten:

a) die Astronomie und höhere Geodäsie — zur fortdauernden Wahrung der höheren mathematischen Grundlagen der Arbeit,
b) die Geognosie und Orographie — zur Vorsorge dessen, dass die Karte auch die Eigenschaften einer brauchbaren Grundlage für eine geognostische Karte erhalte;
c) die Hydrographie und das Verkehrswesen — Behufs sorgfältiger Rücksichtnahme auf alle Wasserläufe, stehenden Gewässer, Meere; auf Wege, Strassen, Chausseen, Eisenbahnen, Telegraphenleitungen; auf belangreiche Wasser- und Hochbauten;
d) die Land- und Forstwirthschaft — zur Fürsorge dessen, dass die Karte auch als eine Karte der Feldsysteme und Waldsysteme, der Culturarten etc. benutzbar sei;
e) die Grundeigenthums-Verhältnisse (der Grund-Kataster) — Behufs richtiger Vermerkung der Grundeigenthums-Verhältnisse in der Karte;
f) die innere Verwaltungs-Politik — zur richtigen Darstellung der verschiedenen administrativen Grenzbestimmungen, und
g) die Kriegskunst — zur Wahrung und eingehendsten Berücksichtigung der Militärzwecke.

6. Die Commission spricht die unmaassgebliche Ansicht aus, dass das über die östlichen Provinzen des Staats zu legende, resp. zu vervollständigende Dreiecksnetz so beschaffen sein müsse, dass von den trigonometrisch bestimmten Dreiecken 3. u. 4. Ordnung im Durchschnitt 9 bis 10 Fixpunkte auf die Quadratmeile kommen.

7. Die Commission hält es im Interesse der Zeit und der Kosten geboten, dass die Herstellung resp. Vervollständigung des trigonometrischen Netzes durch den grossen Generalstab ausgeführt werde, und erachtet einen Zeitraum von 10 Jahren als den zur Ausführung der Netzlegung angemessensten.

8. Die Commission erklärt unter Hinweis auf den beigefügten Kostenanschlag und Special-Etat, dass eine Verwendung von

34000 Thlr. als eine einmalige Ausgabe zur Einrichtung des Büreaus und Anschaffung der Instrumente, Wagen etc. und von

542000 Thlr. als eine mit 54200 Thlr. jährlich auf 10 Jahre zu vertheilende Ausgabe

in Summa 576000 Thlr. voraussichtlich dazu ausreichen werden, die Triangulation der östlichen Provinzen so zu bewirken, wie es im §. 6. ausgesprochen ist.

Der Commission erscheint es von grösster Wichtigkeit, dass mit der Triangulation der östlichen Provinzen baldmöglichst vorgegangen werde.

Dazu ist nothwendig, den vorbezeichneten Betrag dem grossen Generalstabe in 10 Jahresraten im Staatshaushalts-Etat disponibel zu stellen. Die Commission schlägt daher vor in den Staatshaushalts-Etat pro 1863 für dieses Jahr:

a) die einmaligen (vorbereitenden) Ausgaben mit . 34000 Thlr.

und

b) den jährlichen Kostenbetrag mit . . . . . 54200 Thlr.

zusammen 88200 Thlr.

zur Aufnahme zu bringen.

Falls das Königliche Staats-Ministerium sich mit dem Plane überhaupt einverstanden erklären und der Herr Finanz-Minister die Etatisirung des fraglichen Betrages für zulässig erachten sollte, ist es wünschenswerth den Betrag sub a. schon im Jahre 1862 disponibel zu haben, um damit die nöthigen Vorbereitungen treffen, insbesondere die Anfertigung der Instrumente etc. veranlassen zu können.

9. Die Commission ist der Ansicht, dass zur Erhaltung des Dreiecksnetzes und der markirten Fixpunkte desselben der Erlass eines diesen Zweck im Auge habenden Gesetzes unumgänglich nothwendig ist.

Sobald die sub 8. proponirten Zustimmungen erfolgt sind, würde der Entwurf dieses Gesetzes unter Verständniss mit dem grossen Generalstabe auszuarbeiten und von den concurrirenden Königlichen Ministerien dem nächsten Landtage zur verfassungsmässigen Beschlussnahme vorzulegen sein.

10. Die Commission glaubt, sich der Aeusserung einer bestimmten Meinung darüber enthalten zu sollen, auf welche Weise dereinst

das fertige trigonometrische Netz und die darauf basirte Special-Vermessung dem Publikum zugänglich zu machen sei; sie will es aber nicht unterlassen, auf die erfolgreichen Vorgänge in dieser Beziehung, namentlich in Bayern und Würtemberg, in England und Wales, Schottland und Irland hinzuweisen und das, was dort geschehen, als nachahmungswerth zu bezeichnen.

Berlin. 26. Februar 1862.

(gez.) *Klotz. Bitter. Hagen. Schuhmann. Olshausen. Engel.*

Anschlag

der Kosten für die innerhalb 10 Jahren auszuführende Triangulation der östlichen Provinzen des Preussischen Staates.

Vorbericht.

Es wird vorausgesetzt, dass 10 trigonometrische Punkte durchschnittlich pro Quadratmeile geliefert werden sollen und dass das zu triangulirende Areal 4200 Quadratmeilen betragen wird.

Hiernach ergiebt sich nachstehender Bedarf:

a) für die Hauptdreiecke: 4 Trigonometer (2 grosse Theodoliten);

b) für die kleinen Dreiecke: 420 Quadratmeilen, 26 Trigonometer (28 kleine Theodoliten).

Im Ganzen also:

ausser dem Chef und 6 Dirigenten 30 Trigonometer (und 30 Theodoliten).

Es ist ausführbar, diese Zahl von Trigonometern aus der Armee zu entnehmen, mithin die qu. Arbeit in 10 Jahren zu vollenden und durch die Heranziehung von Officieren sowohl eine grosse Ersparniss, wie auch durch die strenge Leitung der Arbeit die Garantie für die Qualität der Messungen herbeizuführen.

Laufende No.	Kosten.	Betrag im Einzelnen. Thlr.	Sgr.	Pf.	Betrag im Ganzen. Thlr.	Sgr.	Pf.
	A. Einmalige Ausgaben.						
1.	Zwei grosse Theodoliten à 800 Thlr. .	1600	—	—			
2.	28 kleine Theodoliten à 500 Thlr. . .	14000	—	—			
3.	36 Wagen à 300 Thlr.	10800	—	—			
4.	Anschaffung von Statifen, Fernröhren, Heliotropen, Zelten, Maassstäben etc. pro Trigonometer 100 Thlr. . . .	3600	—	—			
5.	Mobiliar und Einrichtung des Dienstlocals	4000	—	—			
	Summa A.				34000	—	—
	B. Etat für die jährlichen Ausgaben.						
	a) Persönliche Ausgaben.						
1.	Zulagen, Reisekosten etc. für 1 Chef und 6 Dirigenten, letztere auch bei Messung der Hauptdreiecksketten thätig incl. Signalbau etc. à 1500 Thlr.	10500	—	—			
2.	Für 30 Trigonometer, Zulagen, Reisekosten, Signalbau, Festlegungen etc.	30000	—	—			
3.	Zulagen für 30 Trigonometer während der 7 Wintermonate etc. à 200 Thlr. . .	6000	—	—			
4.	Gehalt für das Unterpersonal . . . a) 1 Registrator, zugleich Rechnungsführer . . . . ca. 500 Thlr. b) 2 Schreiber u. Rechner à 300 Thlr. . . . . 600 „ c) 1 Kanzleidiener . . 300 „ d) 1 Portier, 1 Hausdiener oder Wagenmeister . 500 „	1900	—	—			
	Summa B. a.				48400	—	—
	b) Sächliche Ausgaben.						
1.	Localmiethe incl. Wagenremisen . .	2500	—	—			
2.	Instrumente u. Wagen-Reparaturen .	1000	—	—			
3.	Heizung und Instandhaltung des Dienstlocals	500	—	—			
4.	Schreib- u. Zeichnen-Material, Bücher etc.	1800	—	—	5800	—	—
	Summa B.				54200	—	—
	C. Gesammt-Betrag.						
	Summa A. der einmaligen Ausgaben .				34000	—	—
	Summa B. der jährlichen Ausgaben 10 × 54200 Thlr.				542000	—	—
	Gesammtkosten der Triangulation				576000	—	—

Berlin, 26. Febr. 1862.

Zu dem vorstehenden Gutachten ist noch zu bemerken, dass das einzige sachverständige Mitglied der Commission der Herr Ober-Baudirektor Hagen gegen dasselbe Protest eingelegt hat.

Vergleicht man das Gutachten der staatsministeriellen Commission mit meinem Entwurf, so stellt sich ein sehr bedeutender principieller Unterschied heraus.

Der Grundgedanke meines Entwurfes gipfelt darin: Preussen eine gute Grundaufnahme (Kataster-Karte) zu verschaffen, die anerkanntermaassen kein Culturstaat der Jetztzeit für die Dauer mehr entbehren kann. England, Frankreich, Belgien, die Niederlande und die Süddeutschen Staaten besitzen dieselbe schon längst. In Norddeutschland haben Oldenburg und einige Thüringische Staaten sich dieselbe ebenfalls verschafft. Es schien mir daher schon vor 17 Jahren, als ich meinen Entwurf schrieb, hohe Zeit zu sein, dass Preussen, welches in so vielen anderen Richtungen voranschreitet, hier nicht länger zurückbleiben dürfe.

Wenn einmal eine richtige Grundaufnahme vorhanden ist, so wird dieselbe den Hypothekenbüchern zu Grunde gelegt und es müssen alle Veränderungen von Rechtswegen eingetragen werden. Die Karte hält daher gleichen Schritt mit der Entwickelung der Cultur des Bodens und der veränderlichen Benutzung desselben, gleichviel welcher Natur dieselbe sei.

Die Grundaufnahme bleibt daher immer richtig und man wird aus ihr durch blosse Reduction mit geringen Kosten alle anderen Karten in beliebig kleineren Maassstäben herstellen, und für den Zeitpunkt, wo die Reduction erfolgt, vollkommen richtig erhalten können. Die Photographie leistet hierbei bewundernswürdige Dienste, wovon die Belgischen Karten im Maassstabe von 1 : 40000 einen bis jetzt nirgends übertroffenen Beweis liefern.

In einem Staate, der einmal eine solche Grundaufnahme besitzt, fallen von selbst alle unvollkommenen graphischen Vermessungen mit Kette, Boussole, Messtisch, Kippregel u. s. w. fort, weil ihre Leistungen viel zu untergeordnet sind und sie sich vollständig überlebt haben.

Die Vertheidiger dieser veralteten Methoden mögen sich dabei noch so sehr anstrengen, die Thatsachen widersprechen ihnen.

Diesen hochwichtigen Gesichtspunkt, der der eigentliche wahre

Kern[1]) meines Entwurfes ist, hat die staatsministerielle Commission ganz ausser Acht gelassen. Sie schlägt vor, aus dem Material der Steuerregulirung eine Karte im Maassstabe von $^1/_{5000}$ herzustellen.

Ich kann meinerseits aus folgenden Gründen diesem Vorschlage nicht beistimmen:

1. Der Maassstab von $^1/_{5000}$ ist viel zu klein, um Mein und Dein darauf unterscheiden zu können, und viel zu gross, um Uebersichten zu gewähren. Er wurde früher bei dem Westphälischen Kataster zur Anfertigung von Gemeinde-Karten benutzt, hat aber aus den obigen Gründen wenig und in der neueren Zeit meines Wissens gar keine Nachahmung mehr gefunden.

2. Das Material der Steuerregulirung ist nach dem Urtheil vieler Grundbesitzer und Sachverständigen so mangelhaft, dass es zweifelhaft bleibt, ob die Benutzung dieses Materials überhaupt möglich ist. Die Commission glaubt zwar durch zahlreiche trigonometrische Punkte diesem Mangel abhelfen zu können; allein im günstigsten Fall kann damit nichts weiter als eine Karte zum gewöhnlichen Gebrauch erzielt werden, die wie alle früheren, nach 20 oder 25 Jahren völlig veraltet ist. Dem Bedürfniss einer richtigen Grundaufnahme kann dadurch in keinem Fall abgeholfen werden, und diese Abhülfe war das Ziel meines Entwurfes.

In einem Punkt scheint die Commission noch einen entfernten Zusammenhang mit meinem Entwurfe festgehalten zu haben. Unter No. 3 ihres Gutachtens spricht sie die Ansicht aus, dass die Herstellung und Festlegung eines den Anforderungen der Wissenschaft und den Verwaltungs-Bedürfnissen entsprechenden trigonometrischen Netzes für alle Special-Vermessungen vor allen Dingen wünschenswerth sei. Allein dem von der Commission gebilligten Plan zur Ausführung einer solchen Triangulation muss ich meine Zustimmung gänzlich versagen, weil allen Erfahrungen gemäss eine gründliche Vorbereitung des Personals (eine Vermessungsschule) damit verbunden sein muss und eine wissenschaftliche Leitung des Ganzen unerlässlich ist. Nur die Wissenschaft schützt gegen Fehlgriffe; ihr Mangel lässt bald das Geschäft zum Handwerk herabsinken. — Ich werde später Gelegenheit finden, den Beweis für diese Behauptungen zu liefern und näher zu prüfen, in wie

---

[1]) Die erste Bedingung zur Realisirung ist aber eine tüchtige Vermessungsschule.

weit die Arbeiten der von der Commission ins Leben gerufenen Landestriangulation den wissenschaftlichen Anforderungen entsprechen und der Anfertigung einer guten Karte im Sinne meines Entwurfes Vorschub leisten oder nicht.

Wäre die Commission mit mir Hand in Hand gegangen, so stände Preussen jetzt an der Spitze des Europäischen Vermessungswesens und die Ehre, einen wichtigen Fortschritt der Messkunde in die Praxis eingeführt zu haben, die sich jetzt Schwarzburg-Sondershausen erworben hat, würde Preussen, von dem dieser Fortschritt ausging, verblieben sein.

Das Königl. Staatsministerium hatte unter dem 31. December 1862 auf Grund des Gutachtens der Commission einen ersten und unter dem 14. Mai 1863 den nachstehenden zweiten Bericht an des Königs Majestät abgestattet.

An des Königs Majestät.

Nachdem das Staatsministerium in dem, an Eure Königliche Majestät am 31. December v. J. erstatteten Berichte über die Denkschrift des General-Lieutenants z. D. Baeyer

betreffend die Anfertigung einer guten Karte von den östlichen Provinzen des Preussischen Staates,

den Vorschlag gemacht hatte, sich zunächst auf die zur Herstellung eines trigonometrischen Netzes über die östlichen Provinzen erforderlichen Arbeiten zu beschränken und mit der Ausführung den betreffenden Abtheilungs-Chef des grossen Generalstabes, welchem 6 Vermessungs-Dirigenten und 30 Trigonometer beizugeben sein würden, zu beauftragen, haben Euer Königliche Majestät nach Inhalt eines von Allerhöchstdero General-Adjutanten Freiherrn von Manteuffel an den ehrfurchtsvoll mit unterzeichneten Präsidenten des Staatsministeriums gerichteten Schreibens vom 5. Februar d. J. noch eine nachträgliche Aeusserung darüber erfordert, ob nicht dem General-Lieutenant Baeyer, da von ihm das ganze Project ausgegangen sei, ungeachtet es sich jetzt nur um eine theilweise Ausführung desselben handelt, die obere Leitung der zunächst nur beabsichtigten Legung des trigonometrischen Netzes zu übertragen sein werde. Euer Königliche

Majestät verfehlen wir nicht hierüber Folgendes allerunterthänigst vorzutragen.

Der Denkschrift des General-Lieutenants Baeyer über die Anfertigung einer guten Karte von den sechs östlichen Provinzen des Preussischen Staates nach dem gegenwärtigen Standpunkte der Wissenschaft vom 2. December 1851 liegen zwei Hauptgedanken zum Grunde:

1. Die Bildung einer grossen, unmittelbar unter dem Staatsministerium stehenden Central-Behörde für das Landes-Vermessungswesen, und
2. die Ausführung der Vermessungen in so grossem Maassstabe und in solcher wissenschaftlichen Genauigkeit, dass sie allen gegenwärtig oder künftig an sie zu stellenden Ansprüchen genügt und so jede spätere Aufnahme überflüssig macht.

In Uebereinstimmung mit der zur Berathung über diese Denkschrift niedergesetzten Staats-Ministerial-Commission hat das Staats-Ministerium in seinem Immediat-Berichte vom 31. December 1862 nur die erste Idee adoptirt, die letzte aber verworfen.

Während nach dem General Baeyer'schen Entwurf von den in verschiedenen Maasstäben anzufertigenden Karten des Staates die grösste „Flurkarte" im Verhältniss von $^1/_{2000}$ der natürlichen Länge ein fast unermessliches Detail von, nach 3 Coordinaten bestimmten Punkten enthalten soll, ist die Staats-Ministerial-Commission der Ansicht gewesen, dass den Verwaltungs-Bedürfnissen ein Dreiecks-Netz genüge, welches so beschaffen ist, dass von den trigonometrisch bestimmten Punkten der 3. und 4. Ordnung im Durchschnitt 9 bis 10 Fixpunkte auf die Quadratmeile kommen und glaubte sie ferner, dass sich aus diesem Netze, dem bereits vorhandenen und noch zu sammelnden Karten-Material, so wie aus späteren Aufnahmen allmälig auch eine Karte vom Preussischen Staate im Maassstabe von $^1/_{5000}$, so wie in jedem kleineren Maassstabe herstellen lassen werde.

Indem die Commission für diesen Zweck das von der Central-Direction für Regelung der Grundsteuer Behufs Ermittelung des Flächen-Inhalts der Liegenschaften gesammelte Material für besonders werthvoll hielt, schlug sie vor, zuvörderst die Vollendung der Grundsteuer-Veranlagungen bis zum Anfange des Jahres 1865 abzuwarten, dann aber zur Herstellung der grossen Karte selbst eine Central-Behörde zu schaffen, welche alle darauf hinzielenden Arbeiten einzuleiten und zu übernehmen habe und in welchen, ausser den betreffenden Richtungen geographischer Wissenschaft und der Staats-Oekonomie, vor allen Dingen eine Vertretung finden müsste:

> „Die Astronomie und höhere Geodäsie zur fortdauernden Wahrung der höheren mathematischen Grundlage der Arbeit."

Unabhängig hiervon hält das Staats-Ministerium in dem Immediat-Berichte vom 31. December 1862 die Inangriffnahme der Triangulirung der östlichen Provinzen nach dem oben uerwähnten Modus für dringlich und wünscht im Interesse der Beschleunigung und der Kosten-Ersparniss die Ausführung derselben der trigonometrischen Abtheilung des grossen Generalstabes übertragen zu sehen, die in der That, ohne die wissenschaftlichen und technischen Ansprüche an ihr Hülfspersonal zu steigern, dieser Aufgabe einfach durch eine Erweiterung ihres bisherigen Geschäfts-Betriebes genügen kann.

Hiernach würde dasjenige, was von dem ursprünglichen Entwurfe des Generals Baeyer Annahme gefunden hat, erst mit der im Laufe des Jahres 1865 zu gründenden Central-Commission in's Leben treten und bei dieser der genannte General eine seinem Range und seinem wissenschaftlichen Rufe entsprechende Stellung, jedenfalls als Vertreter der höheren Geodäsie, erhalten können.

Für jetzt soll nur ein specieller Theil des Gesammt-Werks: „die Triangulirung" zur Ausführung kommen; diese zerfällt in die Haupt-Triangulation (Dreiecke 1. Ordnung) und in die Detail-Triangulation (Dreiecke 2., 3. und 4. Ordnung) und da zur Vollendung des über die östlichen Provinzen gespannten Haupt-Dreiecksnetzes verhältnissmässig nur noch wenig fehlt, so bildet die Messung der Dreiecke niederer Ordnung den Hauptbestandtheil dessen, was gegenwärtig gefordert wird, und für diese Arbeiten ist die trigonometrische Abtheilung des grossen Generalstabes eine bereits ausreichend organisirte, völlig geeignete Behörde, welcher nur vermehrte Arbeitskräfte zur Disposition gestellt zu werden brauchen. Es kann daher dem General-Lieutenant Baeyer kaum wünschenswerth sein, mit der Durchführung des so wesentlich modificirten Planes für die Detail-Triangulation beauftragt zu werden.

Es nimmt aber auch diese ausgedehnte Arbeit, wenn dieselbe mit den veranschlagten Geldmitteln und innerhalb der festgesetzten Zeit zur Vollendung kommen soll, die ungetheilteste und angestrengteste

Thätigkeit Seitens des Leitenden in Anspruch. Der General Baeyer würde dazu, neben den umfassenden Geschäften der Struve'schen Längengrad- und der Mitteleuropäischen Gradmessung, nicht die erforderliche Zeit haben und dadurch überdies aus einer Stellung, die ihm in seinen wissenschaftlichen Bestrebungen volle Freiheit lässt, in das von ihm früher innegehabte abhängigere Verhältniss eines Dirigenten der trigonometrischen Abtheilung zurückversetzt werden, welches seiner jetzigen Charge nicht mehr entspricht; denn da der Betrieb der Detail-Triangulation einerseits durch das Bedürfniss für die topographischen Aufnahmen des Generalstabes, andererseits in der Folge durch die Wünsche der Verwaltungs-Behörden bedingt wird, könnte dem General Baeyer hierin ein mehr oder minder selbständiger Wirkungskreis nicht eingeräumt werden, und ist es daher dringend wünschenswerth, dass dieser Theil der Arbeit ausschliesslich der Leitung des Dirigenten der trigonometrischen Abtheilung überlassen bleibt.

Im Hinblick auf die angedeutete künftige Mitwirkung des Generals Baeyer in der Central-Commission für das Vermessungswesen würde aber allerdings auch schon die jetzt zu beginnende grosse Triangulirung in so weit unter seine Controlle zu stellen sein, als es sich dabei um die höhere mathematische Grundlage, d. h. um die Vervollständigung des Hauptdreiecksnetzes handelt.

Ein derartiges Arrangement passt sich den bestehenden Verhältnissen in der Weise günstig an, als dadurch der General Baeyer in den von ihm unternommenen grossen wissenschaftlichen Arbeiten nicht gehemmt und gestört, sondern im Gegentheil gefördert und ihm doch dabei der nöthige Einfluss auf die geodätische Basis des Vermessungswerks gesichert wird.

Zur Ergänzung des Haupt-Dreiecksnetzes fehlen nur noch folgende Glieder:

1. die als unbrauchbar verworfenen Ketten:
   a) von Berlin bis zur Seite Schneekoppe-Zobten (Schlesische Kette);
   b) von dieser Seite nördlich durch die Provinz Posen bis zur Weichsel-Kette (Posensche Kette);
2. die im Jahre 1862 bereits recognoscirten Ketten zwischen Thorn und Schievelbein und Thurmberg-Krostkowo;

3. einige Verbindungen zur Ausfüllung des Raumes zwischen Berlin, Breslau, Posen, Thorn und Schievelbein;
4. die Festlegung einiger verloren gegangener Punkte in den älteren Ketten.

Die beiden sub 1. bezeichneten Ketten, welche bei der Struve'schen Längengrad-Messung in Betracht kommen, hatte der General Baeyer zu messen übernommen, wozu demselben die veranschlagten Mittel von 10—12000 Thlr. in dem für die Gradmessung ausgesetzten Fonds von 20000 Thlr. diesseits im Jahre 1859 mit der Maassgabe angewiesen wurden, dass die gesammten Gradmessungs-Arbeiten in 5 bis 6 Jahren, also jedenfalls mit Ablauf des Jahres 1864 vollendet sein sollten.

Nachdem der oben erwähnte Fonds am Schluss des Jahres 1862 bereits bis auf circa 11000 Thlr. verwendet worden, hat der General Baeyer erst jetzt laut des Planes zu seinen Arbeiten pro 1863 die Inangriffnahme der Schlesischen Kette projectirt und es lässt sich daher schon jetzt mit Sicherheit übersehen, dass Zeit, Kräfte und Geldmittel, wie sie von dem General Baeyer veranschlagt sind, gänzlich unzureichend sein werden, um ausser der letztbezeichneten Kette, auch noch die Posensche Kette, für welche noch nichts geschehen ist, zu messen.

Es kann hiernach dem General Baeyer zur Förderung seiner Untersuchungen über die Krümmung der Erdoberfläche nur damit gedient sein, wenn, mit Ausnahme der von ihm selbst auszuführenden Schlesischen Kette, die Ergänzung des Haupt-Dreiecks-Netzes der trigonometrischen Abtheilung des grossen Generalstabes für Rechnung des Fonds der grossen Triangulirung aufgegeben würde, so jedoch, dass auf die betreffenden Arbeiten der letzteren zur Wahrung der Einheit und der Gleichmässigkeit aller Theile der Haupttriangulation dem General Baeyer der nöthige Einfluss vorbehalten bliebe.

Insofern es Euer Königlichen Majestät Allergnädigste Intention ist, dem General Baeyer in Anerkennung seiner grossen Verdienste um die Wissenschaft und insbesondere um die Ausbildung des Landes-Vermessungs-Wesens, bei dem letzteren eine ehrenvolle Stellung anzuweisen, würde es daher für jetzt und bis etwa die oben erwähnte grosse Central-Commission zusammentritt, allen dabei in Betracht zu ziehenden Verhältnissen entsprechen, wenn dem genannten General unter Beibehalt des ihm hinsichts der Struve'schen Längengradmessung und der Mitteleuropäischen Gradmessung ertheilten Auftrages die obere Leitung der von der trigonometrischen Abtheilung des grossen Generalstabes auszuführenden Haupt-Triangulation in der Beziehung übertragen würde, dass die Richtung der Hauptdreiecksketten im Einverständniss mit demselben zu bestimmen und die Schärfe der Messungs-Resultate seiner Controle zu unterwerfen wären.

Euer Königliche Majestät stellen wir hiernach die Entscheidung in der Sache allerunterthänigst anheim.

Berlin, den 14. Mai 1863.

gez. *von Bismarck. von Bodelschwingh. von Roon.*

Allerhöchste Cabinetsordre.

Ich genehmige die in dem Bericht des Staatsministeriums vom 31. December 1862 zur Herstellung eines über die östlichen Provinzen des Staates zu legenden trigonometrischen Netzes gemachten Vorschläge und beauftrage Sie, den Finanz-Minister, wegen Aufnahme der zu diesem Zwecke erforderlichen Ausgaben in den Staatshaushalts-Etat für 1864 und die darauf folgenden Jahre das Erforderliche zu veranlassen. Auch bin Ich in Folge des ferneren Berichts vom 14. Mai d. J. damit einverstanden, dass dem General-Lieutenant z. D. Baeyer die obere Leitung der von der trigonometrischen Abtheilung des grossen Generalstabes auszuführenden Haupt-Triangulation in den, in dem betreffenden Bericht angegebenen Grenzen übertragen und dass derselbe zu einer seinen grossen Verdiensten um die Wissenschaft und insbesondere um das Landes-Vermessungswesen entsprechenden Mitwirkung bei der Central-Commission für das Vermessungs-Wesen, deren Zusammentritt für das Jahr 1865 in Aussicht genommen ist, berufen werde.

Carlsbad, den 10. Juli 1863.

gez. **Wilhelm.**

gegengez. *v. Bismarck, v. Bodelschwingh, v. Roon, Graf Itzenplitz, v. Mühler, Graf zur Lippe, v. Selchow, Graf zu Eulenburg.*

An das Staats-Ministerium.

306/9. A. 3.

Unter dem 18. November 1863 wurden mir die vorstehenden Actenstücke von dem Chef des Generalstabes der Armee abschriftlich mitgetheilt.

Dies war die erste Kunde, die ich über das Schicksal erhielt, welches meinen Entwurf nach 6jährigen Verhandlungen in der Commission getroffen hatte. Ich bedauerte die damit vorgenommene Verstümmelung um so mehr, als sie mit den ausgezeichneten Resultaten, die in Schwarzburg-Sondershausen erzielt wurden, im grellsten Widerspruch steht. Unbegreiflich erschien es mir, wie meine wissenschaftlichen Bestrebungen, die im Auslande von den besten Erfolgen begleitet waren, und durch die ehrenvollsten Anerkennungen ausgezeichnet wurden, in der staatsministeriellen Commission einer Nichtachtung begegnen konnten, die mir nicht einmal gestattete, meinen Entwurf, den des Hochseeligen Königs Majestät Allerhöchstselbst vorgelegt hatte, gegen die irrigen Ansichten, die von Unkundigen darüber verbreitet worden waren, in der Commission berichtigen zu dürfen, obgleich der Vorsitzende angewiesen war, sich von mir alle und jede Aufklärung zu erbitten.

Das Einzige, was mich tröstete, war die Allergnädigste Anerkennung, welche Se. Majestät der König in der Allerhöchsten Cabinets-Ordre vom 10. Juli 1863 meinen wissenschaftlichen Bestrebungen zu Theil werden liess, und diese Allerhöchste Anerkennung war es auch, die mir über die ernstlichen Bedenken hinweghalf, welche mir die Auffassung d e r o b e r e n L e i t u n g in dem Staatsministerial-Berichte einflösste.

Mit der oberen Leitung im gewöhnlichen Sinne ist als selbstverständlich die Verantwortung über die Güte der Arbeit verbunden, und daraus folgt eben so selbstverständlich der Einfluss auf die Anordnung und Ausführung der Arbeit selbst. Hier sollte mir aber nur die Genehmigung der Richtung, in welcher die Dreiecksketten geführt werden, zustehen.

Ich würde Bedenken getragen haben, diese obere Leitung anzunehmen, wenn ich nicht gefürchtet hätte, dem grossen Unternehmen der Mitteleuropäischen Gradmessung dadurch zu schaden.

Der erste Akt meiner oberen Leitung bestand darin, dass mir eine Hauptdreieckskette zur Genehmigung der Richtung vorgelegt wurde. Ich ertheilte diese Genehmigung in der Hoffnung, die für das Jahr

1865 zu organisirende Central-Behörde für das Vermessungswesen werde mir den in dem Staatsministerial-Bericht vorgesehenen Einfluss zur Wahrung der mathematischen Grundlage, der Einheit und Gleichmässigkeit aller Theile der Haupttriangulation auf die Ausführung dieser Arbeiten verschaffen, wie es die Allerhöchste Cabinetsordre bestimmt hatte; allein die Organisation dieser Behörde ist bis jetzt noch nicht erfolgt. Unterdessen suchte ich mich über den zweiten Theil meiner Befugnisse, über die Controlle, zu orientiren.

Die trigonometrische Abtheilung des Generalstabes, der die Ausführung der Landestriangulation in den östlichen Provinzen übertragen worden war, hatte in Ostpreussen zwischen den Jahren 1858 bis 1862 Hauptdreiecksketten gemessen, die ich für Zwecke der Gradmessung benutzen wollte, um die genaue Entfernung Warschau-Memel zu ermitteln. Ich bat mir dieselben aus und sie wurden mir im Manuscript vorgelegt. Bei einer oberflächlichen Durchsicht fand ich mehrfache Mängel und die Fehler der Anschlussseiten so beträchtlich grösser, als sie bestimmungsmässig sein sollten, dass ich mich verpflichtet hielt, in dem Jahresbericht über die Gradmessungen pro 1863 die Bemerkung zu machen, ich vermöge nicht diese Dreiecksketten als Dreiecke der ersten Ordnung anzuerkennen und könne ihnen höchstens die Qualität von Dreiecken der zweiten Ordnung beilegen.

Demnächst habe ich in einer ausführlichen Beurtheilung, die mir von dem Chef des Generalstabes der Armee aufgetragen war, eine lange Reihe von Mängeln und Fehlern zusammengestellt und namentlich ganz ungerechtfertigte Vorwürfe gegen die Gradmessung von Bessel zurückgewiesen.

Die trigonometrische Abtheilung verfasste hiergegen eine Replik, in der sie meine Ausstellungen durch falsche Suppositionen und fehlerhafte Grundanschauungen zu widerlegen und darzuthun suchte, dass ihre Arbeit die Besselsche Gradmessung, die Küstenvermessung etc. an Genauigkeit weit überträfe und mit der Schlesischen Grundlinie bei Strehlen bis auf ein Viermilliontheil übereinstimme. Es geht aber aus dem Staatsministerial-Bericht hervor, dass die alte Dreieckskette die von Schlesien durch das Grossherzogthum Posen nach der Weichsel führt, als unbrauchbar verworfen ist, und dass somit zwischen der Weichsel bei Thorn und Schlesien gar keine brauchbare Verbindung besteht.

Diese Replik wurde mir als eine Widerlegung meiner Kritik übermittelt. Ich beantragte hierauf, die Sache einem Schiedsrichter vorzulegen, was auch genehmigt wurde. Der Schiedsrichter theilte in seinem Gutachten in allen wesentlichen Punkten meine Bedenken und ich glaubte, die Landestriangulation werde nun ihren Fehlern sorgfältig nachspüren und sie verbessern.

Unter dem 3. September 1864 wurde mir das Gutachten des Schiedsrichters von dem Chef des Generalstabes der Armee abschriftlich mitgetheilt und zugleich auch ein Schreiben des Allgemeinen Kriegsdepartements, betreffend den Zusammentritt einer Commission um die Grundsätze für die beabsichtigte Landestriangulation zu begutachten. Ich glaubte, es solle dies eine Commission sein, wie sie das Abgeordnetenhaus für die wissenschaftliche Leitung der Landestriangulation gewünscht hatte, und da mir durch Allerhöchste Cabinetsordre die obere Leitung und Controlle derselben übertragen war, so hielt ich es für selbstverständlich, dass ich zu dieser Commission zugezogen werden würde; allein dies geschah nicht. Die Commission trat unter demselben Abtheilungs-Chef des Allgemeinen Kriegsdepartements zusammen, der früher in der staatsministeriellen Commission den Vorsitz geführt hatte und ich erfuhr eben so wenig von den Verhandlungen, wie ich von den früheren etwas erfahren hatte.

Unter dem 24. April 1865 wurden mir die von der Commission angenommenen Grundsätze zu dem Behufe mitgetheilt, dass sie mir als Maassstab für meine Controlle über die Schärfe der Resultate der Haupttriangulation dienen sollten. Obgleich ich mich mit diesen Grundsätzen, die übrigens in mehreren meinen Namen tragenden Werken dargelegt sind, einverstanden erklären konnte, so vermochte ich doch nicht, weder aus der Allerhöchsten Cabinetsordre noch aus dem Staatsministerial-Bericht herauszulesen, dass eine Commission, ohne meine Betheiligung an ihren Verhandlungen, mich in Betreff der mir Allerhöchsten Orts übertragenen Controlle instruiren solle.

Durch mehrfache vorangegangene Correspondenzen war es mir immer klarer geworden, dass man meinen wissenschaftlichen Bestrebungen noch eben so abhold sei, wie es früher bei der Behandlung meines Entwurfes der Fall war. Durch das letzte Verfahren war ich nun vollends zu der Ueberzeugung gekommen, dass auf dem eingeschlagenen Wege diese Angelegenheit zu keinem gedeihlichen Ziele geführt werden könne.

Unter diesen Umständen sank mir zuweilen der Muth und ich überlegte manchmal, ob ich nicht lange genug für die gute Sache gekämpft hätte, und ob ich nicht besser thäte, vor so mächtigen Gegnern das Feld zu räumen und den Rückzug anzutreten. Lange dauerte indessen diese Muthlosigkeit nie und eine innere Stimme mahnte mich stets an die Pflicht, so lange zu kämpfen wie die Kräfte ausreichen.

Aus dieser gedrückten Stimmung befreite mich endlich die Allerhöchste Cabinetsordre vom 23. August 1865, durch die mir für die Mitteleuropäische Gradmessung nach vierjährigem Bestehen wissenschaftliche Hülfe gewährt, die Organisation eines Centralbüreaus genehmigt, und dasselbe als wissenschaftliches Institut dem Ressort des Cultus-Ministeriums zugetheilt wurde.

Anfangs 1866 publicirte die Landestriangulation ihre von mir mehrfach controllirte und kritisirte Arbeit unter dem Titel: Die Königl. Preussische Landestriangulation. Hauptdreiecke in der Provinz Preussen .... ohne auch nur irgend eine Verbesserung der von mir gerügten Fehler vorgenommen zu haben; sogar den gegen die Besselsche Gradmessung ausgesprochenen Tadel hatte sie nicht einmal zurückgezogen.

Durch diese Veröffentlichung hatte die Landestriangulation sich hauptsächlich Dreierlei zu Schulden kommen lassen:

1. Hatte sie die mir Allerhöchsten Orts übertragene Controlle nicht respektirt.
2. Hatte sie mich durch ihre Veröffentlichung genöthigt, die Angriffe gegen Bessel auch öffentlich zurückweisen zu müssen, und
3. mich in die Nothwendigkeit versetzt, die mit der oberen Leitung und Controlle verbundene Verantwortlichkeit für ihre Arbeit öffentlich abzulehnen.

Um die Königl. Staatsbehörden zu überzeugen, dass mein Urtheil über diese Publication der Landestriangulation auch von anderer competenter Seite Bestätigung fände, legte ich die Sache der permanenten Commission vor, die in ihrer Sitzung vom 9. April 1866 in Neuenburg die Erklärung abgab, dass sie diese Arbeit in ihrer jetzigen Form für die Zwecke der Mitteleuropäischen Gradmessung nicht als genügend anzuerkennen vermöge.

In einem Aufsatz, No. 1614 der Astronomischen Nachrichten, entledigte ich mich demnächst der für mich höchst unangenehmen und peinlichen, aber unter den obwaltenden Umständen durchaus nothwendigen Aufgabe in Betreff der vorerwähnten Punkte.

Die Landestriangulation suchte sich in No. 1626 desselben Blattes zu rechtfertigen, aber ohne auch nur einen wesentlichen Punkt von allen, die ich ihr zur Last gelegt hatte, wirklich zuwiderlegen. Ich antwortete in No. 1633 und brach jede weitere Polemik mit der Erklärung ab, dass die Hauptdreiecke der Landestriangulation gegen die Besselsche Gradmessung und gegen die Küstenvermessung einen entschiedenen Rückschritt erkennen lassen. Ich werde später noch einmal hierauf zurückkommen und diese Behauptung genügend belegen.

Unter dem 19. Januar 1867 wurde mir auf Veranlassung des Königl. Kriegsministeriums von meinem neuen Chef, dem Herrn Cultusminister, eine lange Reihe von Anklagepunkten gegen mich vorgelegt und mir Erklärungen darüber aufgegeben, auch ein Verzeichniss von mir officiell eingefordert, an welche Personen und Behörden Abdrücke des Neuenburger Protokolls und Separat-Abdrücke meiner Aufsätze in den Astronomischen Nachrichten geschickt worden wären. Die Landestriangulation vertheilte hiernach eine lithographirte Replik gegen den Beschluss der permanenten Commission und gegen meine Beurtheilung ihrer Arbeit.

In dem erwähnten Verfahren des Königl. Kriegsministeriums glaubte ich die Ansicht erkennen zu müssen, dass meine Beurtheilung für zu streng oder gar für ungerecht angesehen werde. Dies veranlasste mich das Werk der Landestriangulation einer noch specielleren Durcharbeitung als bisher zu unterwerfen, um derselben, so weit es sich irgend mit der mir durch die Allerhöchste Cabinetsordre auferlegten Pflicht vereinigen liess, gerecht zu werden; allein je mehr ich in die Details eindrang desto mehr Fehler fand ich.

Als mir nun im Laufe des Monats April von Seiten des Königl. Kriegsministeriums die härtesten Vorwürfe darüber gemacht wurden, dass ich gegen die Leistungen eines Königl. Institutes aufgetreten sei, während mein Auftreten doch lediglich auf wissenschaftlichem Gebiet gegen die von diesem Institute begangenen Fehler, und gegen die Nichtbeachtung der mir Allerhöchsten Orts übertragenen Controlle und gegen die Unmöglichkeit die Verantwortung für solche Arbeiten zu übernehmen, gerichtet war. Nach der Auffassung des Königl. Kriegsministeriums musste es den Anschein gewinnen, als ob ich durch die Aufrechterhaltung des von mir über diese Arbeiten gefällten Urtheils meine Befugnisse überschritten hätte. Um mich darüber zu rechtfertigen reichten aber meine Kräfte, die schon durch die Controllen, noch mehr aber durch die Controversen sehr stark in Anspruch genommen worden waren, neben den Geschäften des Centralbüreaus nicht aus. Es gab daher keinen anderen Ausweg mehr für mich als Se. Majestät den König allerunterthänigst zu bitten, mich von der oberen Leitung und Controlle der Landestriangulation allergnädigst entbinden zu wollen. Durch Allerhöchste Cabinetsordre vom 29. Juni 1867 wurde mir diese Bitte in Gnaden gewährt.

Durch diesen Akt der Königl. Gnade bin ich jeder Verantwortlichkeit für künftige Arbeiten der Landestriangulation glücklich enthoben; allein dieselbe hat in ihren Repliken gegen meine Beurtheilung und selbst gegen den Beschluss der permanenten Commission die Sache stets so darzustellen gesucht, als ob ich ihr Unrecht gethan hätte, und darüber muss ich mich rechtfertigen. Wenn das wirklich der Fall wäre, so würde ich mich selbst einer schweren Schuld anklagen und dieselbe durch einen Widerruf zu sühnen suchen; allein auf der anderen Seite bin ich auch gesonnen, die Wahrheit mit allen mir zu Gebote stehenden Mitteln aufrecht zu erhalten. Zu meiner Rechtfertigung und zur Steuer der Wahrheit lege ich daher nachstehendes Verzeichniss der hauptsächlichsten Mängel und Fehler, die ich bis jetzt in Folge meiner Controlle in dem Werke Hauptdreiecke in Ostpreussen aufgefunden habe, zu Jedermanns Einsicht und Beurtheilung offen vor.

Die Grundlage zu meiner Beurtheilung habe ich aus einem Schreiben des Chefs des Generalstabes der Armee vom 7. Januar 1864 entnommen, in welchem es heisst: für die Hauptdreiecke des Generalstabes sind die in den Werken Gradmessung von Bessel und Baeyer und Küstenvermessung niedergelegten Vorschriften maassgebend. Die Fehlergrenze für die Dreiecke der ersten Ordnung ist demnach auf $^1/_{100000}$ normirt und der trigonometrischen Abtheilung die Aufgabe gestellt, die Haupttriangulation mit der für wissenschaftliche Zwecke erforderlichen Schärfe auszuführen.

Gegen diese Vorschrift ist nun in dem erwähnten Werke in folgenden Hauptpunkten gefehlt:

1. Der Anschluss bei Lyk (Seite 202) ist gegen die Russischen Seiten im Königreich Polen um $^1/_{22500}$ zu klein. Der Anschluss an die Seite der Besselschen Gradmessung Kalleninken-Algeberg (Seite 109) ist um $^1/_{44500}$ zu klein. Beide Anschlüsse erreichen noch nicht die Genauigkeit von $^1/_{50000}$, die für Dreiecke der zweiten Ordnung festgesetzt ist.
2. In der Gradmessung und Küstenvermessung gilt als Grundsatz, dass in sämmtlichen Dreiecken der Hauptkette, welche den Transport der Seiten vermitteln, alle drei Winkel gemessen sein müssen. Hiergegen ist in den Dreiecken der Landestriangulation in 4 Fällen, zwischen Schwentischken und Ober-Eisuln und zwischen Gillau und Mispelsee gefehlt, wo jedesmal zwei den Transport der Seiten vermittelnde Dreiecke mit geschlossenen Winkeln vorkommen.
3. Die ganze Ausgleichung von Seite 110 bis 120 ist auf eine völlig missverstandene Approximations-Formel in der Küstenvermessung (Seite 425) gegründet, die im vorliegenden Fall gar nicht angewendet werden kann. Die auf diese Rechnung gestützte Abänderung der Besselschen Seite Kalleninken-Algeberg ist daher ganz unzulässig.
4. Die Landestriangulation hat in ihren Hauptdreiecken die Winkel mit zwei verschiedenen Instrumenten, mit einem 15zölligen und mit einem 8zölligen Theodoliten, gemessen und die willkürliche Annahme gemacht, dass zwei Beobachtungen mit dem ersten dieselbe Zuverlässigkeit haben sollen wie drei Beobachtungen mit dem zweiten.

   Wenn diese Annahme richtig wäre, so würde man auch angeben können, wie viel Beobachtungen mit einem 3zölligen Instrument nöthig wären, um denen an Güte gleich zu kommen, die mit einem 15zölligen oder auch mit einem 3füssigen gemacht wurden. Obgleich das Unzulässige einer solchen Annahme auf den ersten Blick einleuchtet, und obgleich ich die Landestriangulation schon 1864 darauf aufmerksam gemacht und ihr den §. 35 der Gradmessung, in welchem Bessel diesen Fall behandelt hat, angegeben habe, so hat sie dennoch das Fehlerhafte ihrer Annahme nicht eingesehen und durch diesen Verstoss gegen die Gradmessung für alle mit 8zölligen Theodoliten gemachten Beobachtungen auf 16 Stationen in ihren Dreieckskettten falsche Gewichte eingeführt. Ja, was noch mehr ist, die Landestriangulation hat in ihrer neuesten Publication „Triangulation der Umgegend von Berlin. 1867" auf Seite 30 u. 31 selbst den Beweis geliefert, dass ihr die Grundsätze zur Vergleichung verschiedener Instrumente noch gänzlich fremd sind.

5. Trotz der Versicherung, die sich auf Seite IV. in der Vorrede des früher erwähnten Werkes befindet, dass alle Ausgleichungen mit grösster Strenge nach den von Bessel ertheilten Rechnungsvorschriften durchgeführt seien, haben sich bei meiner Controle die Ausgleichungen auf den folgenden fünf Stationen: Picktupöhnen, Mallwischken, Pillacker-Berg, Seesker-Berg und Kernsdorf als völlig unrichtig erwiesen.

6. Die Ausgleichung eines Dreiecknetzes soll das Resultat kennen lehren, welches die Beobachtungen unmittelbar ergeben. Die Landestriangulation hat aber in der Ausgleichung ihrer Dreiecke von 1861 und 1862 (Seite 161 bis 171) drei Bedingungsgleichungen No. IV., No. XXXIII. und No. XXXIV. lediglich zur Tilgung der Fehler der benachbarten Anschlussseiten eingeführt und dadurch das wahre Ergebniss aus den Beobachtungen verdunkelt. Ein Verfahren, welches nicht gebilligt werden kann.

Denkt man sich jetzt auf den 16 Stationen, wo mit 8zölligen Kreisen beobachtet wurde, anstatt der falschen die wahren Gewichte, und nach No. 5 anstatt der unrichtigen Ausgleichungen die richtigen in die Endgleichungen eingeführt, so ändern sich sämmtliche Faktoren und damit auch sämmtliche Verbesserungen.

Zieht man nun noch No. 3 und No. 6 in Betracht, so gelangt man zu dem Schluss, dass in sämmtlichen Resultaten, die in dem Buche enthalten sind, höchst wahrscheinlich nicht eine einzige Zahl streng richtig ist.

Hiermit ist der Beweis geführt, dass die Hauptdreiecke der Landestriangulation in Ostpreussen gegen die Besselsche Gradmessung und gegen die Küstenvermessung einen erheblichen Rückschritt erkennen lassen.

Soll daher (wie es in dem Staatsministerial-Bericht an Se. Majestät den König heisst) die Einheit und Gleichmässigkeit aller Theile der Haupttriangulation gewahrt bleiben, so muss diese Arbeit der Landestriangulation aus der Reihe der Preussischen Hauptdreiecke gestrichen werden. Diese Maassregel ist nothwendig, wenn die Preussischen Haupttriangulationen ihren guten Ruf, dessen sie sich bisher zu erfreuen hatten, auch ferner behaupten wollen; sie ist nothwendig, wenn die Forderung, dass alle Preussischen Hauptdreiecke, welche das Centralbüreau der Europäischen Gradmessung benutzt, Arbeiten ersten Ranges sein müssen, aufrecht erhalten werden soll: eine Forderung, zu der ich glaube mich der Zustimmung sämmtlicher Königlichen hohen Staatsbehörden versichert halten zu dürfen, weil in den meisten officiellen Verhandlungen ausgesprochen ist, dass die Haupttriangulationen auf der Höhe der Wissenschaft ausgeführt werden sollen.

In der letzten Sitzung der permanenten Commission in Berlin am 28. September 1867 kam die gegen den in Neuenburg gefassten Beschluss dieser Commission gerichtete lithographirte Replik der Landestriangulation zur Sprache und nach mehrfacher Discussion wurde einstimmig folgender Beschluss gefasst:

> Die permanente Commission richtet in Betreff der Replik der Landestriangulation auf das Urtheil der permanenten Commission ihr Augenmerk darauf, die wünschenswerthen Verbesserungen in der vorliegenden Form jener Arbeiten in friedlicher Verständigung zu erreichen.

Der Geheime Regierungsrath Herr Dr. Hansen in Gotha erbot sich hierauf, die nöthigen Verhandlungen einzuleiten, womit die Commission sich vollständig einverstanden erklärte.

Diese Thatsache, dass ein auswärtiger Gelehrter die Umrechnung einer Preussischen Triangulation einzuleiten übernommen hat, ist lediglich dadurch herbeigeführt worden, dass ich in den verschiedenen Commissionen, die über unser Vermessungswesen niedergesetzt waren, von der Theilnahme an den Verhandlungen ausgeschlossen wurde, und dass die mir Allerhöchsten Orts übertragene Controle von der Landestriangulation nicht beachtet wurde. Es ist dies um so schmerzlicher für mich als die Leiter der Landestriangulation meine Schüler gewesen sind. Die Umarbeitung ihrer Hauptdreiecke, wenn sie nicht in einer Neumessung besteht, kann wohl die Rechnungen berichtigen und die Arbeit brauchbarer machen als sie gegenwärtig ist, aber die anderen principiellen Mängel, die sie von einer Arbeit auf der Höhe der Wissenschaft unterscheidet, können dadurch nicht beseitigt werden.

Die bis jetzt vorliegenden Arbeiten der Landestriangulation sind unbedenklich ausreichend für die Kippregelmessungen, welche der Königliche Generalstab ausführen lässt; allein von einer allgemeinen Landestriangulation muss mehr verlangt werden: sie soll die Grundlage abgeben für eine dereinstige Grundaufnahme zur Feststellung des Grundeigenthums, wie sie doch über kurz oder lang in Preussen zur Ausführung kommen muss. Zu diesem Zweck sind aber die erwähnten Arbeiten meines Dafürhaltens nicht ausreichend, was sehr zu bedauern ist, weil dadurch die Ausführung einer genauen Specialvermessung unmöglich gemacht wird; es sei denn, dass die Triangulation wiederholt würde.

Fasst man dies Alles zusammen, so wird man kein anderes Urtheil fällen können, als dass die Landestriangulation die ihr gestellte Aufgabe: ein trigonometrisches Netz herzustellen und festzulegen, welches den Anforderungen der Wissenschaft und den Verwaltungsbedürfnissen entspreche[1]), in einer wenig befriedigenden Weise gelöst hat.

Ich bin stets von dem Grundsatz ausgegangen, dass die Preussischen Triangulationen Arbeiten ersten Ranges sein müssen, und es ist mir auch gelungen, diesen Grundsatz bis jetzt bei allen Arbeiten, die meiner Leitung anvertraut wurden, aufrecht zu erhalten, ich kann daher von meinem Standpunkt nicht herabsteigen und Arbeiten, wie die Landestriangulation sie geliefert hat, gut heissen. Ich muss es vielmehr als eine Pflicht erkennen, meinen Entwurf vom Jahre 1851 in seinen Grundzügen gegen die Verstümmelungen, welche er erfahren hat, aufrecht zu erhalten, weil nothwendig die Zeit kommen muss, wo

---

[1]) Triangulation der Umgegend von Berlin. Einleitung Seite 2. Berlin 1867.

die darin ausgesprochenen Grundsätze auch bei uns anerkannt werden. Die wisseuschaftliche Stellung Preussens überhaupt und der Sitz des Centralbüreaus der Europäischen Gradmessung in Berlin im Besonderen, verlangen, dass wenigstens die Preussischen Haupttriangulationen nicht gegen die anderer Staaten zurückstehen dürfen: eine Forderung, von der ich hoffe, dass sie Anerkennung finden werde.

Die Mitteleuropäische Gradmessung hat sich seit ihrem Bestehen von Jahr zu Jahr mehr ausgedehnt und hat auf der diesjährigen allgemeinen Conferenz der Bevollmächtigten, die vom 30. September bis 9. October d. J. hier in Berlin stattgefunden hat, den Namen einer Europäischen angenommen. Mit dieser räumlichen Ausdehnung hat die Erweiterung der wissenschaftlichen Untersuchungen gleichen Schritt gehalten und es hat sich immer mehr herausgestellt, dass neue und wichtige Probleme durch vorübergehende Einrichtungen gar nicht gelöst werden können, wie z. B. die Feststellung der Veränderungen, denen Normal-Maassstäbe in Bezug auf ihre Längen und Ausdehnungs-Conficienten mit der Zeit (d. h. in längeren Zeitabschnitten) unterworfen sind; Untersuchungen über die Beständigkeit der Richtung und Intensität der Schwere an bestimmten Punkten der Erdoberfläche; über den Einfluss der terrestrischen Refractions-Erscheinungen auf die Witterungs-Verhältnisse[1]); über Veränderungen in den Krümmungs-Verhältnissen der Erdoberfläche, die beispielsweise durch das Heben und Sinken der Meeresküsten hervorgebracht werden.

Alle diese und noch manche andere Fragen, die zum Theil von grossem praktischem Interesse sind, können nicht in einem bestimmten kurzen Zeitabschnitt beantwortet werden: sie können nur im Laufe der Zeit ihre Lösung finden und erfordern deshalb permanente Einrichtungen.

Das unter dem 30. August 1865 durch Allerhöchste Cabinetsordre genehmigte Centralbüreau der Mitteleuropäischen Gradmessung war nur auf die Dauer von wenigen Jahren und für den Umfang der damaligen

---

[1]) Durch Restractions-Beobachtungen kann auf jedem Standpunkt eid Temperatur der ganzen Luftschicht bis zur Höhe der höchsten sichtbaren Bergspitze sehr genau bestimmt werden; während unsere Thermometer nur die Temperatur der Luftschicht angeben, die die Quecksilberkugel unmittelbar umgiebt. Aus diesen erweiterten Temperatur-Bestimmungen müssen sich unzweifelhaft neue und praktische Resultate für die Witterungskunde gewinnen lassen.

Monarchie berechnet. Damals galt es, die Hauptdreiecke in den alten Landestheilen zu ergänzen; heute gilt es, eine Haupttriangulation im Verein mit den verbündeten Regierungen von ganz Norddeutschland auszuführen. Das praktische Bedürfniss liegt vor, das wissenschaftliche ist in der Europäischen Gradmessung gegeben, es wäre daher Preussens würdig, unter seiner Führung ein solches nationales Werk ins Leben zu rufen, dem sich Süddeutschland zweifellos anschliessen wird.

Um dieser veränderten Sachlage möglichst nach allen Richtungen und im Sinne des gesammten Deutschen Vaterlandes Rechnung zu tragen, hat das Centralbüreau der Mitteleuropäischen Gradmessung an den Herrn Cultusminister eine Denkschrift eingereicht und die Gründung einer permanenten wissenschaftlichen Behörde nach dem Muster der in Frankreich, England und Russland schon lange bestehenden Längenbüreaus unter dem Namen eines geodätischen Instituts in Vorschlag gebracht. Bei dem Organisations-Entwurf dieses Instituts ist der Gesichtspunkt maassgebend gewesen, dass dasselbe eine wissenschaftliche Central-Behörde für das Vermessungswesen werde, und dass seine Mitglieder eine allgemein anerkannte wissenschaftliche Stellung einnehmen, so dass es im Stande ist, mit vollem Vertrauen neben den specifisch Deutschen Aufgaben auch die internationalen des Centralbüreaus der Europäischen Gradmessung vollständig zu lösen und dadurch Berlin zum bleibenden Sitz und Centrum aller durch die Gradmessungsarbeiten in Anregung kommenden Untersuchungen zu machen.

Wenn die Königliche Staatsregierung dem Institute die nothwendigen Mittel gewährt, so hoffe ich den Grund so zu legen, dass es allen Anforderungen auf ferne Zeiten hin zum Ruhm und zur Ehre Preussens genügen werde.

Kolibri 360 GmbH
Ferdinand-Jühlke-Straße 7
99095 Erfurt, Deutschland
produktsicherheit@kolibri360.de